CODEBREAKER

the history of code and ciphers, from the ancient
pharaohs to quantum cryptography

破译者

从古埃及法老到量子时代的密码史

〔英〕斯蒂芬·平科克　著

曲陆石　译

商务印书馆
The Commercial Press

2017年·北京

涵芬楼文化 出品

目　录

第 4 章　毅力 93

堅忍不拔的意志，有助于破解英格玛密码机和其他战时密码。齐默尔曼电报、ADFGX 密码、冷战时期密码、薇诺娜代码、纳瓦霍密语。

第 5 章　速度 137

在电子时代，强有力的数字加密保护技术，使罪犯不得染指数据资料。公钥加密、因式分解以及数据加密标准。

第 6 章　展望 165

量子密码学以其不可破解性为标榜；它是否意味着密码破译已经走到尽头？密码机正走向量子物理和混沌理论的领域。

简　介

当今世界，我们周围充斥着各种各样的加密技术。我们用手机拨打的每个电话，收看的每个有线电视频道，每次从自动取款机里提取现金，都依靠复杂的计算机加密技术来保证不被窃听或偷窥。但是，保密措施不为现代世界所独有。在过去的 2000 年甚至更早，在政治、血腥战场、暗杀活动和打击犯罪中，代码和密码扮演着至关重要甚至决定生死存亡的角色。战争的胜负、帝国的兴亡、个人的生死，皆受秘密信息的影响，就不算什么稀奇事儿了。密码专家专门将信息意义隐藏到代码或密码背后；机敏狡黠的破译专家，则致力于破解代码与密码，揭示隐藏在它们背后的意义。由于密码利害攸关，两者之间存在永无止息的战争，自然就不会令人意外了。

每次密码专家发明了新的代码或密码，破译专家便陷入一片黑暗中。此前容易破解的信息，突然费解起来。但是，这场战争从未结束。凭着顽强的毅力，或灵感一现，破译专家就会找出坚不可摧的密码中的隐患，不知疲倦地钻研，直至秘密信息再次展现在眼前。

进入破译行当的人才，不论男女都具有许多类似的特质，让他们从事困难且时常危险的工作。首先，他们常常显示出惊人的原创思维。历史上最好的破译专家之一，阿兰·图灵，他的工作扭转了第二次世界大战的局势，他也是他所在的时代最具原创性的思想者。

破译专家的成功也取决于志在必破的决心。没有什么能像秘密那样诱惑人心，而对于破译者来说，努力破解密码往往就是足够的动机。但是，就算他们也会受到其他激励因素的影响——爱国主义、复仇、贪婪，或是对知识的渴望。

破解代码和密码需要的不只是一时的兴趣。尽管早期尤里乌斯·恺撒钟爱的字符换位密码现在看起来简单到小孩子都能攻破，但当时恺撒的敌手却得孜孜以求才能破解编码信息。实际上，绝大多数破译者无法锲而不舍地坚持下去，才使密码破解不了。

速度在密码破译中也至关重要。许多编码和密码是可破解的——但那得一个人有足够的时间研究它们才行。RSA 加密演算是一个经典例子。它依赖的是这么一种奇怪的现象：把两个质数相乘只花一点时间，但要计算一个给定数字是哪两个质数相乘得到的，却得花掉一辈子，哪怕是用计算机计算。

破译者也需要远见。他们经常在官方或刑事保密的掩护下工作，他们工作的敏感性质常常需要他们独自工作。没有对最终目标的预见，破译者们就白费力气。

本书阐述的是密码的创造与破解如何影响历史潮流。这就难怪密码会深深地影响我们的想象力，而《达·芬奇密码》之类解密小说的成功，以及电视、电影中常见破译者的身影，也就不足为奇了。

真实世界并不像小说场景，密码学（尤其是密码分析）的真正历史，如果有什么不同凡响的话，就是比惊悚小说家能虚构出的任何东西都奇怪。在以下篇幅中，你将发现破译者有何出类拔萃之处。你将遇到一些最神秘的人物，并了解破译者必备的基本技能。

但这并不是全部。通过本书，我们为你提供机会，亲自使用这些重要工具。根据你在每一章中学到的内容，我们精心制作了 7 个精巧的密码，希望你能破解它们。破解它们不会太容易——你需要独创性的思维、好运气、毅力以及远见博识。

第1章　原创

透过性与宗教密码来阐述从古埃及到苏
格兰女王玛丽一世的历史。简单的替代
加密、换位加密以及频率分析。

背景图：我们也可以在古埃及象形文字上看到密码学
的起源。

很难想象存在一个没有秘密的人类社会——没有诡计、阴谋、政治暗算、战争、商业利益，或者风流韵事的世界。因此，隐藏信息和秘密书写的历史，上溯到世界最古老的文明那里，也不应该让人意外。

密码学的起源可以追溯到近四千年前的古埃及，那时把历史刻入巨大纪事碑的记录者们，开始微妙地改变他们所刻的象形文字的用法和目的。

这些发明，目的多半不为隐藏文辞的意思；反而可能是抄写员想难住或者娱乐来往过客，也可能是想增加经文的奥秘与神奇。但是，他们这么做，开启了在此后的一千年中演化出来的真正的密码学。

在研发密写方法上，不独埃及人一家。例如，在美索不达米亚，密写技术为其他行业所用。在距今日的巴格达 18 英里（30 公里）、位于底格里斯河河畔的塞琉西亚遗址发现的小型泥板，就证实了这一点。这块巴掌大的泥板大约制作于公元前 1500 年，上面以

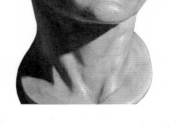

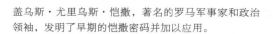
盖乌斯·尤里乌斯·恺撒，著名的罗马军事家和政治领袖，发明了早期的恺撒密码并加以应用。

加密的方式记载着制作陶釉的配方。用楔形符号中最不常见的音节——最不常见的辅音和元音——用以保护有价值的商业秘密免于外泄。

巴比伦人、亚述人和古希腊人也各自发展出他们自己的方法，用来隐藏信息含意。不过到了古罗马时期，第一位名字永久地与加密法连在一起的重要历史人物出现了，他就是尤里乌斯·恺撒。

恺撒的密写术

作为古罗马最著名的统治者，恺撒名垂青史。作为将领，他以胆识过人著称；作为政治家，他卓见才华服众；而就性格而言，他集奢华的时尚意识、放纵的性欲与赌徒的冒险精神于一身。他睿智、大胆、无情——所有这些，都是成功的密码专家所具备的优秀特质。

在他的战争回忆录《高卢战记》中，恺撒描述了他如何巧妙地掩饰重大战报信息的意义，以防被敌人截获。

在罗马人对抗当地（我们今天称为法国、比利时和瑞士）军队的战役中，恺撒的军官西塞罗被包围，几乎要投降。恺撒想让他知道援军将至，但又不惊动敌军，为此他派了一名信使，带着一封用希腊字母写的拉丁语的信。他告诉信使，如果他无法进入西塞罗的军营，就把信绑在长矛上，然后把长矛投进城防里。

"正如我告诉他的那样，高卢人没管长矛的事儿，"恺撒回忆道，"碰巧，长矛牢牢插在塔楼上，我军两天不曾注意到。到了第三天，一名士兵发现了，取下来，呈给西塞罗。西塞罗读懂了，然后在军前朗读了这封信，将这个最鼓舞士气的消息带给全军。"

恺撒利用密写，古人皆知。一百多年后，历史学家苏维托尼乌斯·特兰克维鲁斯描述恺撒的生平写到，恺撒每有秘密要说，"他就用密码来写"。

密码和代码的定义特质

苏维托尼乌斯对"密码"这个词的用法值得注意，因为尽管我们趋向于把"密码"与"代码"用作可以互相替换的词，但这二者之间其实有重大区别。

大致说来，区别如下：**密码**是一种系统，意在隐藏信息的意思，手段是用其他符号替换信息中的每个字母；而**代码**更注重文字意义而非字母，往往根据代码本中的对照表，来替换整个词语或整个短语。

代码与密码之间的另一个区别，与其内在的灵活性有关。代码是固定的，依赖在代码本里的词语和短语的配对，来隐藏信息的意思。

例如，一个代码或许规定："5487"这组数代替"攻击"这个词。这就意味着，每次"攻击"被写进信息，代码版本都将包含**代码组**"5487"。即使代码本里包含好几个代替"攻击"的可选方案，变化的方式也有限。

与此相比，密码在本性上更灵活。像"攻击"这么一个词的加密方式可能取决于它在信息中的位置，以及密码系统规则所规定的许多其他可变因素。这意味着，信息中的同一个字母、同一个词语或短语，在同一条信息中的不同位置，也可以用完全不同的方式加密。

对于任何密码系统来说，用于加密信息的一般规则，谓之**算法**。其**密钥**规定了在任何具体情况下进行加密的精确细节。

哈利卡纳苏的希罗多德，公元前 5 世纪的学者和历史学家，在他的历史著作中提到隐写术的早期实例。

隐写

古希腊人擅长密码术，同时也用另一种形式的密写方法，即隐写术。密码术旨在隐藏信息的意思，而隐写术却会全然隐藏存在信息这一事实。

被尊称为历史之父的希罗多德在他的《历史》中讲了好几个隐写术的例子。其中一段，他提到了一个叫哈尔帕哥斯的贵族，此公向米底亚国王复仇，因为国王此前设计让他吃了自己的儿子。哈尔帕哥斯把一条给潜在同盟者的信息藏在了一只死兔子里，然后派一名假扮成猎人的信使把信送去。这条信息送到了，联盟形成。最终，米底亚国王被推翻了。

古希腊人还把信息藏在蜡板的蜡层下面，以免被他人窥破。另外一个更骇人的办法，是把信息刺到奴隶的光头上。假设他在这段时间里没有死于败血症，一旦这位倒霉的信使头发长回来了，他将被派去把信亲自交给某个人。在目的地，信使的脑袋将被预期的收信人剃光；这个收信人就可以阅读这条信息。

用剃头的奴隶送密信，显然有不利之处。其过程极其缓慢尤为人诟病。尽管如此，隐写术还是流传到现代，且一直深受间谍们青睐。事实上，有大

普鲁塔克（46－127 年），希腊历史学家、传记作家和散文家，他详细说明了密码棒的使用方法。

密码棒所传递的加密信息是否让斯巴达人取得胜利？斯巴达的保萨尼亚斯带领军队击败两倍于己的波斯军队。

量不同的加密法，也同样有大量隐写法。隐写法范围广泛，从自古以来隐形墨水的使用，到现代科技手段（把资料秘密隐匿进数字图像或者音乐文件中），都可以算是隐写术的范畴。

　　古希腊人似乎是隐写术专家。例如，历史学家波利比乌斯发明了一个到现代仍在用的隐写系统。

　　古希腊人可能通过火把传递信号——例如，左手两个火把，右手一个火把，表示字母b（见第8页

"密码分析")——此谓之"棋盘"法，后来成为发展更加复杂的密码的基础。

可能早在公元前7世纪，好战的斯巴达人就以用装置传递秘密信息而闻名。该装置叫密码棒，用的是一种换位密码。

希腊历史学家普鲁塔克讲了密码棒如何运作：

当"统治者"派出海军指挥官或将军时，他们制作两个长度、厚度和尺寸都一模一样的圆木棒。然后，统治者自己留一个，把另一个交给派出的将领。他们把这些木棒称为密码棒。如此一来，每当他们想发送重要的秘密信息时，他们就做一状似皮带的狭长羊皮卷，把它缠到密码棒上，中间不留空隙，将羊皮纸密实地卷在密码棒上。之后便在卷在密码棒上的羊皮卷上写下信息；写完信息之后，他们取下羊皮卷，送给指挥官。当指挥官接到羊皮卷时无法从这些毫无关联、次序混乱的文字中读出任何意思，除非他拿出自己的那个密码棒，将羊皮纸卷上去。

密码分析 |

密写

波利比乌斯将字母表中的字母排列成 5×5 的方格（i 和 j 位于同一格），并将数字 1 到 5 分配给每一行和每一列。

	1	2	3	4	5
1	a	b	c	d	e
2	f	g	h	i/j	k
3	I	m	n	o	p
4	q	r	s	t	u
5	v	w	x	y	z

这使得每个字母都有各自的两位数密码。例如，字母 c 是 13，而字母 m 是 32。

了解恺撒密码

到苏维托尼乌斯为尤里乌斯·恺撒作传时，恺撒密码的秘密已众所周知。任何想要解密他的信件、了解信中意思的人，苏维托尼乌斯写道："必须将字母表中的第 4 个字母拿来置换第 1 个字母，即把 D 换成 A，并以此类推。"

加密前 a b c d e f g h I j k l m n o p q r s t u v w x y z
加密后 D E F G H I J K L M N O P Q R S T U V W X Y Z A B C

这种密码叫作恺撒密码。据苏维托尼乌斯所言，恺撒以这种将字母整组位移三个位置的方式来给信息加密。但同样的原则适用于你把字母从一处移动到 25 处之间任何固定数目上。对于字母表里较远的那些字母，如果移位使之超过了 Z，字母表就"回绕"——这样，字母 Y 移动了三位变成 B。

例如，你想用恺撒的密码写他的名言"veni, vidi, vici"（我来，我见，我征服），结果将是 YHQL，YLGL，YLFL。

解密恺撒

破解用恺撒密码写成的信息相对容易，因为可能的移位数量是有限的——英文中至多 25 位。以下面简短的加密信息为例：

FIAEVI XLI MHIW SJ QEVGL

最直接的破译方法，是在表格中写出密文的一小段，然后在它下面写出所有可能的不同移位解密后的内容。这种方法有时称为"明文列举法"。

你只需要持续不断地写出不同的字母组合，直到你得出一组有意义的文字为止。

字母移动的位数	可能的明文
0	FIAEVI XLI
1	EHZDUH WKH
2	DGYCTG VJG
3	CFXBSF UIF
4	BEWARE THE

在移位量为 4 时出现的有意义的文字，说明编写这组秘密信息时，字母表被移动了 4 位来加密。解密余下的文字表明，就会出现"Beware the Ides of March"（谨防 3 月 15 日）。

加密前	a b c d e f g h i j k l m n o p q r s t u v w x y z
加密后	E F G H I J K L M N O P Q R S T U V W X Y Z A B C D

　　若要加速解开恺撒密码，可以准备一些小纸条，上面按倒序写着字母。如果你将这些纸条横向排列出密文，那么向下查找有显示信息意义的文字，就简单了。

　　像恺撒的这种密码，信息中的字母被另一组字母代替，我们叫作**替代密码**。另一个密码大类是**换位密码**；在这种密码中，信息里的字母被调换位置。

　　换位也可以用网格来实现。举个简单的例子，有人想送出信息 "the ship will sail at dawn heading due east"（船将在天亮时向正东方向前进）。他可以把这条信息以 5 个字母一列写出来，然后按列向下读取来加密信息。

t	h	e	s	h
i	p	w	i	l
l	s	a	i	l
a	t	d	a	w
n	h	e	a	d
i	n	g	d	u
e	e	a	s	t

这提供了加密后的信息：

TILANIEHPSTHNEEWADEGASIIAADSHLLWDUT

破译换位密文

"易位构词法"是破解换位密码的一个好方法。这方法就是移动密码文字各部分的位置，寻找看起来像是信息文字的构词。

有一种名为"多重易位构词法"的特殊技巧，这种策略是在两个不同的平行密文中运用易位构词法，彼此作对照。

为使多重易位构词法运作起来，你需要有两段换位密文，它们含有相同数量的词语或字母并用相同的方法换位加密。对于监听敌军通信时间够长的破译员来说——例如在战时——这种情况可能比初期更有可能发生。

为了说明它是如何运作的，让我们举个简单的例子。假设我们有两段换位密文，各由 5 个字母组成，如下：

EKSLA

LGEBU

很明显，这两组字母可以调换成两个不同的词语：

EKSLA 可以是 LAKES（湖泊）或 LEAKS（泄露）

LEGBU 可以是 BUGLE（喇叭）或 BULGE（凸起）

如果我们只有多段文本中的一段，那么我们就不清楚这两种哪个才是正确的。但如果我们试着把同一种破解方式运用到两段平行的信息中，那么就可以清楚地看到，只有一种破解方式为两段信息提供合理的答案：

12345	41532	45132	45312
ESKLA	LEAKS（泄露）	LAEKS（/）	LAKES（湖泊）
LEGBU	BLUGE（/）	BULGE（凸起）	BUGLE（喇叭）

未解之谜

费斯托斯圆盘

1908 年 7 月初，一个名叫路易吉·佩尔尼耶的年轻意大利考古学家，正在克里特岛南岸的费斯托斯的米诺斯官殿遗址进行挖掘工作。

酷暑时分，佩尔尼耶正在地下神殿储藏室的主要隔室里工作，这时他发现了一个不同寻常的裹着白垩的完整的陶盘，它直径 6 英寸（15 厘米）宽，厚度约 0.5 英寸（1 厘米）。

路易吉·佩尔尼耶，1908 年随意大利考古代表团前往克里特岛考察。

圆盘的两面各有 241 个神秘的象形符号，从外向内螺旋状分布。在这 45 个不同的雕文（雕刻上去的象征性图形）中，有些显然代表日常的东西，如人、鱼、虫、鸟、船等等。

这些符号或许容易辨认，但自发现圆盘之日起，这些符号是什么意思，自陶盘出土的一世纪以来就一直困扰着考古学家和密码学家。

其中一个主要问题是，没有其他刻有同种雕文的文物出土。谁想当破译专家，就只能就这 241 个符号进行处理。

这种材料贫乏令人沮丧，在克里特岛另一端的米诺斯文明的克诺索斯米诺斯官殿遗址处，考古学家发现了好几百块上面印着古代文字的泥板，后来学者将之分为线形文字 A 和线形文字 B。

虽然年代较早的线形文字 A 尚未破译，事实上，它的破解也成为古文研究的"圣杯"，是一种遥不可及的梦想；追溯至公元前 14 世纪和 13 世纪的线形文字 B，在 1950 年代被破译，英国建筑师迈克尔·文特里斯发现泥板是用某种希腊文写成的。

让那些痴迷于费斯托斯圆盘的人感到遗憾的是，许多专家认为，圆盘不曾包含足够的文字；无法完成完整可靠的破译工作。然而，这没能让人因此放手。

有些业余考古爱好者认为，这可能是某种祈祷文，另外一些人觉得是某种历法，更有一些人猜测那是军令。有人甚至提出，这可能是古代的一种棋类游戏，或者是一种几何学定理。

有个人长期以来对圆盘的秘密感兴趣，他叫安东尼·斯沃罗诺斯，是克里特的数学家，现在开了一家网站，列出了各种有关费斯托斯圆盘的可能性。

"这个圆盘最重要的方面，在我看来，就

费斯托斯圆盘的两面。这些符号的意义与它们的制作地点，至今仍留有争议，这使费斯托斯圆盘成为考古学和密码学上最著名的谜团之一。

是用于创制它的法子。"斯沃罗诺斯解释道。"圆盘运用多种印章印制。与制作印章相关的努力很重要，因此我们应该假设它们被用来制作许多不同的文件。但是，费斯托斯圆盘是唯一用这组印章制作并留存至今的文件。"

另一个有趣的地方，是圆盘上印的符号高度精细且清晰，与线形文字抽象得多的图形与符号形成对比。

"只有大胆的猜想才能使这些特点协调起来，"他说，"我最喜欢的解释，是费斯托斯圆盘上的文本是放在神谕所里的一个问题，神谕的仪式需要在占卜的过程中刻着问题的物件必须被销毁。"这种说法有可能解释为什么许多文本即使被制作出来又全都被毁了。

"当然，这是一个太牵强的解释，与费斯托斯那地方发生的事情以及由此导致对这个独一无二的圆盘制作相去甚远。"斯沃罗诺斯承认道，但他也提到那个地区存在其他证据，为这种解释提供了一定的可信度。

例如，克罗斯岛上出土了一些与宗教仪式相关的文物，比费斯托斯圆盘更早，其中贵重的仪式雕像被故意毁了。多多纳神谕非常古老，可能早于费斯托斯圆盘，其中主要的泥板记载着对神谕的询问。

不管这样的解释是对是错，全世界都在盼望着哪天会有人对这个神秘物品提出最完整可靠的解释。

阿拉伯科学家、作家阿布·尤素福·雅各布·伊本·伊斯哈格·萨巴赫·金迪的肖像

密码破译的诞生

在密码术发展的几千年来，没有比**密码分析**中的密码破译技术还要重大的发展。而这些技术大多是由阿拉伯人发明的。

公元 750 年后，伊斯兰文化黄金时期的学者们精通科学、数学、艺术和文学。他们也出版了许多字典、百科全书和密码学专著问世，并钻研词语起源和句子结构，导致密码分析出第一次重大突破。

穆斯林学者开始意识到，任何语言中的字母都以固定而可靠的频率出现。他们也开始明白，有关这种频率的知识可以用来破解密码，这种技巧称为**频率分析**。

关于密码分析的阐释，第一个为人所知的记载，是由 9 世纪阿拉伯的一位科学家和高产作家阿布·尤素福·雅各布·伊本·伊斯哈格·萨巴赫·金迪在他的书《关于破译加密信息的手稿》中提供的。

金迪《关于破译加密信息的手稿》中的一页

首先，了解你的语言

频率分析很可能是破译者需要的最基础的工具。尽管字母表中每个字母出现的准确频率因文本而异，但是有些常规模式，在揭示用密码写成的信息时非常有用。

例如，在英语中，字母 e 出现得最频繁——通常，占任一给定文本字母中的12%。接下来最常见的是 t、a、o、i、n 和 s。最不常见的是 j、q、z 和 x。

英语文本中字母的预期相对频率

字母	百分比	字母	百分比
A	8.0	N	7.1
B	1.5	O	7.6
C	3.0	P	2.0
D	3.9	Q	0.1
E	12.5	R	6.1
F	2.3	S	6.5
G	1.9	T	9.2
H	5.5	U	2.7
I	7.2	V	1.0
J	0.1	W	1.9
K	0.7	X	0.2
L	4.1	Y	1.7
M	2.5	Z	0.1

（基于迈耶－马提亚斯做的字母计数，发表在《解密：密码学的方法和箴言录》。）

在图表形式中，这种分布看起来像这样：

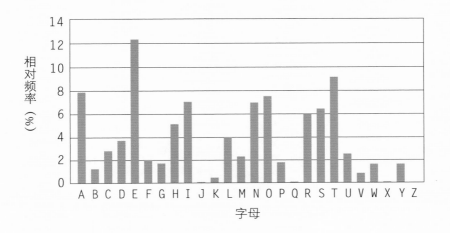

利用这个知识，你就可以开始了，通过计算加密信息中字母或符号的频率，并把它们与明文中的通常频率作对比。

接下来，你需要看这些字母是如何凑到一起的。例如，"the"是英语中最高频的三字母组（**三字母词**）——而 q 后面通常跟着 u。通常，n 前面是个元音字母。相似地，代词 I 和冠词 a 是最常见的单字母词。

不能保证任何给定的文本都会与预期频率恰好一致——例如，科学期刊论文有一套与情书非常不同的词汇。

尽管如此，利用这些关键性的知识片断，密码分析家可以开始建立密文和明文之间的联系；信息中某些字母可能是什么，也能勾勒出个大概。

通过试误、努力不懈、谨慎猜测以及运气的帮助，就可以开始填上空白并破解密码。

威尼斯的早期地图。威尼
斯是 14 世纪主要的贸易
中心。

中世纪密码术

阿拉伯世界达到知识巅峰之际，而密码研究在欧
洲却未受到广泛推行。中世纪早期密写术的流传主要
限于修道院，僧侣在那里学习《圣经》和希伯来密
码，如**阿特巴希密码**。

这一时期，密码用于宗教范畴之外的一个罕见
例子，在关于建造和使用天文仪器的一部科学专著
《星球赤道》中被发现。一些学者把这一作品归于杰

弗雷·乔叟，但这遭到另一些学者的质疑。这个文本包含许多用密码写成的短文，其中字母表中的字母被符号所代替。

1400年后的大约四个世纪，密写的主要方法是代码与密码的结合，谓之**密码词汇手册**。

密码词汇手册在14世纪晚期的南欧发展起来——这一时期，富裕的城邦如威尼斯、那不勒斯和佛罗伦萨正在争夺贸易霸权；与此同时，两位教皇的主张差异导致罗马天主教会分裂了。

把代码书写技术和密码书写技术结合起来，密码词汇手册使用替代密码打乱信息中的大部分文本，用编码后的词语或符号代替某些词语或名字。

例如，某种密码词汇手册可能由一串符号组成，这些符号将替代字母表中的字母，外加一串其他的符号，直接替代常见的词语或名字。所以，词语"和"可能会被写成"2"，而"英格兰国王"则变成"&"。

早年，密码词汇手册会用一两个字母的简短代码，即等效码，来替代少量编码后的词语。这将与单字母替代密码结合起来，弄乱信息剩下的部分。到18世纪，密码词汇手册的篇幅大大增加，俄罗斯用的密码词汇手册包括数以千计的词语和音节准备的代码等效码。

杰弗雷·乔叟的插图。有人认为他写了欧洲中世纪最早的世俗密码之一。

文化符码

神圣密码

犹太律法书包括《旧约全书》里的《摩西五经》，通常写在羊皮纸上。

密码和宗教书写法这对令人头晕的组合，对许多人来说有无与伦比的魅力。没有什么能比《达·芬奇密码》的巨大成功更好地解释这事儿了。丹·布朗的这部畅销小说将隐藏的信息、代码和关于基督教的深层秘密融入了惊悚小说的布局中。

然而，在小说和玄幻的领域之外，密写术与宗教确实有一段共同的长久历史，这部分地是出于必要——迫害使宗教处于地下状态。

在犹太与基督教传统中，最著名的密码体系很可能就是阿特巴希密码了。阿特巴希是传统的希伯来替代密码，其中希伯来语字母表的第一个字母被最后一个字母替代，第二个字母被倒数第二个字母替代，以此类推。密码的名字来自字母 alef、tav、bet 和 shin，即字母表的第一个、最后一个、第二个和倒数第二个字母缩写而来。

阿特巴希密码

Alef	Tav
Bet	Shin
Gimel	Resh
Dalet	Qof
He	Tsadi
Vav	Final Tsadi
Zayin	Pe
Het	Final Pe
Tet	Ayin
Yod	Samekh
Final Kaf	Nun
Kaf	Final Nun
Lamed	Mem
Final Mem	Final Mem
Mem	Lamed
Final Nun	Kaf
Nun	Final Kaf
Samekh	Yod
Ayin	Tet

Final Pe	Het
Pe	Zayin
Final Tsadi	Vav
Tsadi	He
Qof	Dalet
Resh	Gimel
Shin	Bet
Tav	Alef

阿特巴希替代在《旧约全书》中至少能找到两处。最初的两处出现在《耶利米书》第25章第26节和第51章第41节，词语"SHESHACH"被用来替代"Babel"（巴别，也就是巴比伦）。在《耶利米书》的第51章第1节中，短语"LEB KAMAI"代替"Kashdim"迦勒底。

学者们不相信阿特巴希转换的目的一定是隐藏信息。相反，它被认为是一种方法，与揭示《摩西五经》的某种阐释有关。

《圣经》中另一个经常被讨论的"代码"涉及希伯来字母代码。这是一种《摩西五经》的分析方法，它将数值替换字母，然后将这些数字相加并利用总和来解释结果。这些结果里最著名的可能就是666了，它指的是《启示录》第13章第18节中提到野兽的数量。一些专家认为，这个数字也许实际上是指"尼禄·恺撒"，从希腊文的尼禄·恺撒音译成希伯来文。

另一个例子出现在《创世记》第14章第14节，诗文讲了亚伯拉罕如何检阅即将奔赴战场去营救他被抓表亲罗得的318个家臣。在犹太传统中，数字318作为希伯来字母代码表示以利以谢，他是亚伯拉罕的仆人。这暗示，亚伯拉罕没把解救他亲戚的大功归于318人的军队而可能仅仅在一位名为"上帝是我的领路人"的家仆的陪伴下进行的。

在迈克尔·卓思宁的《圣经密码》中提到一种广遭批评的圣经分析。卓思宁写到，隐藏

《圣经》的描述，关于巴比伦国王宁录和巴别塔的建造。巴别塔是《圣经》中有关阿特巴希替代的一个例子。

的信息可能会在《圣经》中找到，手段是寻找等距的字母序列。

这本书依据数学家埃利亚胡·里普斯和其他人的研究。该书说这个过程揭示了对各种事件隐秘的指涉，如科学突破和暗杀行动。

然而，就专业的密码分析而言，《摩西五经》的代码理论是非常可疑的。首先，希伯来文中缺少元音，这容许相当程度的灵活性。另外，因为一种语言内部的字母比例是非常严格的，任何两本差不多长度的书都差不多可以用各自的字母重新排列成另外一本，因此任何字母序列代码都不会是《圣经》所独有的。有一群研究者甚至宣称，他们已经通过分析赫尔曼·梅尔维尔的《白鲸》得到了相似的结果。

巴风特，异教崇拜偶像，头上有角。

巴风特：阿特巴希密码理论

对黑魔法和超自然事物的信徒来说，巴风特这名字会让人想起一个特别令人厌恶的魔鬼形象——甚至可能是撒旦自己——幻化为人形出现、长着羊角和翅膀的魔鬼。

但这些联系是相当近期、直到 19 世纪才出现的。当时，一名叫埃利法斯·利维的法国作家暨魔术师，把巴风特诠释成一个羊头、翅膀和乳房的形象，而这个形象在此之后也慢慢流传开来。

事实上，巴风特这个名字第一次为世人所知是在几百年前，也就是 14 世纪早期。当时，圣殿骑士团的成员们正面临指控，有人说他们参与崇拜偶像之类的异端行动。

1307 年 10 月 13 日，星期五，法国腓力四世在巴黎圣殿塔逮捕了圣殿骑士团团长雅克·德·莫莱和其他 140 名骑士。在酷刑逼供之后，骑士团成员招认曾经践踏十字架，向十字架吐口水、小便，包括"猥亵亲吻"①的入会仪式，凭借贿赂接纳成员，崇拜偶像，其中一个偶像叫巴风特。结果，很多人被绑在火刑柱上烧死或逃往国外。

巴风特这名字的来源是个谜，解释也有很多种。被广泛接受的解释是：巴风特是古法语"Mahomet"的变形，它是伊斯兰先知穆罕默德的一种说法。

其他的说法有：巴风特来自希腊文"Baphe"和"Metis"，合起来意思是"智慧的洗礼"；或者，巴风特是由 Temp、ohp 和 Ab 这个缩写字组成，起源于拉丁文"Templi omnium hominum pacis abhas"，意思是"普世和平之父"。

但是休·斯科菲尔德，《死海古卷》最早的研究者之一，提出了最有趣的建议。

斯科菲尔德相信，造出"巴风特"，用的是阿特巴希替代密码的学问，即用希伯来字母表的最后一个字母代替第一个字母，用倒数第二个字母代替第二个字母，以此类推。如果真是这样，那么"巴风特"在希伯来文中用阿特巴希替代密码解释，就变成可以理解为希腊词"Sophia"，即有智慧的意思。

בפומת

希伯来文中的巴风特，从右向左。

---

① 指亲吻恶魔的屁股。

正在进行礼拜的圣殿骑士

把阿特巴希密码运用到这名字上，斯科菲尔德揭示出：

שופיא

用希伯来文写成的希腊词"Sophia"，从右向左。

这时，关联开始变得更加神秘，有些人更进一步，将这个字和诺斯底派的女神索菲亚连在一起。如此一来，索菲亚，有时也被和抹大拿的玛利亚，耶稣基督的忠实追随者画上等号。

圣殿骑士团团长雅克·德·莫莱

同音异形符

　　15世纪初有密码分析师在欧洲活动的迹象。在为曼托瓦公国准备的密码中，每个明文中的元音都被赋予若干不同的对应数字。这类密码被称为**同音异形替代**，对于破译者来说更加困难，需要比破解简单的单字母表密码更多的独创性和毅力。同音异形置换法的到来被视为一个明确的标志，表明曼托瓦的密码大臣正深陷一场斗争，有人可能试图破解截获的信件。它的到来也暗示，这位密码大臣了解频率分析的原则。

　　同音异形加密需要比字母表里的字母更多的密码对应数，所以密码师会利用各种解决方案来创造更多的字母表。在替代中运用数字就是个例子。要不然，密码师也可以利用现存字母的变体——如大写字母、小写字母、上下颠倒等。

　　这里有个同音异形替代的例子。最上面一行的字母是明文字母表，它下面的数字是可供替换的密码选项。

a	b	c	d	e	f	g	h	i	j	k	l	m	n	o	p	q	r	s	t	u	v	w	x	y	z
46	04	55	14	09	48	74	36	13	10	16	24	15	07	22	76	30	08	12	01	17	06	66	57	67	26
52	20		97	31	73	85	37	18	38		29	60	23	63	95		34	27	19	32					71
58			39	61	47			49	54	41							42	64	35						
79			50	68	70												53	78							
91			65															93							
			69																						
			96																						

运用这个密码，明文"This is the beginning"（这就是开始）可以写成：

01361312　1827　193731　0439744470723705485

破解同音异形密码

尽管同音异形符可以成功地隐藏个别字母的频率，但是那些两个或三个字母的组合却隐藏得没那么好，篇幅较长的密文尤其如此。

破解同音异形密码的一个基本方法，是针对部分重复的暗码加以检查。例如，如果一篇密文中的两个句子：

2052644755

和

2058644755

都出现过，密码分析师就可能想知道 52 和 58 是不是同一个明文字母的同音异形符。

另外，知道词语里最常见的两个或三个字母的组合是 th、in、he、er 和 the、ing、and，密码分析师或许就会发现符号 37 常常出现在数字 19 之后，后面经常跟着 39。

猜一下，这可能暗示着，19 代表 t，37 代表 h，39 代表 e。继续这样解下去，信息的秘密可以小心地揭开。

苏格兰女王玛丽一世的死

　　1587 年，英格兰最有成就的密码分析师，运用频率分析，把一位女王送上了死路，并决定了一个民族的未来。苏格兰女王玛丽一世一直统治苏格兰，直到 1567 年退位逃到英格兰。但她的表妹，女王伊丽莎白一世，把信天主教且身为亨利八世的侄孙女的玛丽看作一个巨大的威胁，将她监禁在英格兰境内的城堡里，并不时变动囚禁地点。伊丽莎白一世所定下的反天主教法，在国内造成了恐怖气氛，使得内乱与各种试图罢黜信奉新教的伊丽莎白女王的密谋，开始以被监禁的玛丽为中心。

　　1586 年，玛丽的亲信安东尼·巴宾顿开始密谋暗杀伊丽莎白，试图把玛丽

苏格兰女王的玛丽一世
（1542.12.8–1587.2.8），
她命丧伊丽莎白一世之手
这件事，已成为密码史的
重大事件。

女王伊丽莎白一世
（1533.9.7-1603.3.24），
英格兰女王、名义上的
法国女王和从 1558 年 11
月 17 日起直至去世为爱
尔兰女王。

扶上王位。密谋的成功仰仗玛丽的合作，但是和她秘
密沟通不是件简单事儿。

所以，巴宾顿招募了一个以前是神学院学生的吉
尔伯特·吉福德作为信使。年轻勇敢的吉福德很快找
到了方法，用啤酒桶偷运信件，出入玛丽所在的监
狱，监狱位于查特雷的一个庄园。

但吉福德是个双面间谍。他承诺效忠伊丽莎白的
首席秘书弗朗西斯·沃尔辛厄姆爵士——英格兰第一

个特务机关的创建者。这个神学院以前的学生，把玛丽的信直接交给了英格兰解码大师托马斯·菲利普斯。

玛丽跟外界的大部分通信都是经过编码加密的，但这对身形瘦长、患有近视且脸上长满麻子让人以为得过天花的菲利普斯来说只是个小问题。他以精通法语、西班牙语、意大利语和拉丁语而闻名，他也是个臭名昭著的高超的伪造师。

沃尔辛厄姆的顶级密码分析师是一位频率分析的能手，这项技术让他能揭开往来于被囚玛丽与巴宾顿之间的秘密通信。

基于菲利普斯帮忙搜集的证据，沃尔辛厄姆设法说服伊丽莎白相信，她

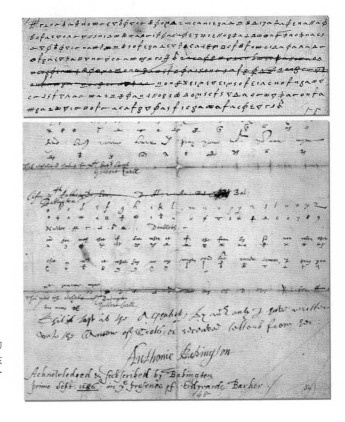

托马斯·菲利普斯伪造的苏格兰女王玛丽给安东尼·巴宾顿的信，揭露了同谋者的名单。

的王位和生命都岌岌可危，除非她处死玛丽。英格兰女王拒绝了，但沃尔辛厄姆相信，若能找到玛丽密谋策划暗杀的证据，伊丽莎白会同意处决玛丽。

7月6日，巴宾顿写了一封长信给玛丽，透露了被称为"巴宾顿阴谋"的细节。他征求玛丽的同意和意见，要动手"干掉篡位者"——暗杀伊丽莎白一世。

玛丽于7月17日回信，那一刻注定了她的命运。沃尔辛厄姆让技巧娴熟的菲利普斯复制了信件，并加了一个用密码写成的伪造附言，询问全部密谋者的身份。

名单被如数提供，而他们的命运也被注定。在确认玛丽参与密谋一事后，沃尔辛厄姆现在可以果断地行动了。几天之内，巴宾顿及其共谋者被逮捕，关进了伦敦塔。玛丽于10月份受审。伊丽莎白在1587年2月1日签署了她的死刑执行令。7天后，玛丽在福泽林盖大礼堂被斩首。

吉尔伯特·吉福德用酒桶偷运出查特雷然后直接交到托马斯·菲利普斯手中的信息，已经被玛丽的密码秘书吉尔伯特·柯尔编码。他为加密使用了一系列不同的词汇手册和"零位"——完全无意义的符号，来转移解码人员的注意力，目的是迷惑破译者。

尽管如此，在精于频率分析的菲利普斯面前，玛丽一世的密码也难逃厄运。由于菲利普斯的努力不懈、小心猜测和好运气，才能顺利填空并破译密码。对于技术高超的密码分析师来说，这其实是一种习性——就托马斯·菲利普斯而言，据记载，他几乎是一接到这些密码就马上破译了玛丽一世的信。

密码分析 |

频率分析练习

对面对密文的密码分析师来说，最初的挑战之一就是弄清原始信息使用了哪种转换。在没有任何其他线索的情况下，频率分析能帮忙弄清你手头上的是什么东西。

例如，在换位密码中，字母的频率与明文中的恰好相同——它们并没有被替代，只是打乱顺序，那么"e"仍将是最常见的字母，诸如此类。另一方面，替代密码会有不同的频率——就是说，替代"e"的任何东西，也许会变成最高频的字母。

假设你正努力破解下面这条密文，你所知道的一切就是，原来的明文是用英语写的：

YCKKVOTM OTZU OZGRE IGKYGX QTKC ZNGZ NK CGY XOYQOTM CUXRJ CGX LUX NK NGJ IUTLKYYKJ GY SAIN ZU NOY

IUSVGTOUTY GTJ YNAJJKXKJ GZ ZNK VXUYVKIZ IRKGX YOMNZKJ GY NK CGY NUCKBKX TUZ KBKT IGKYGX IUARJ GTZOIOVGZK ZNK LARR IUTYKWAKTIKY UL NOY JKIOYOUT

首先，完成密文中字母的频率统计。做这件事的一个好方法就是，沿着一张纸的底部写出字母表，然后你遇见哪个字母就在它上方画个"×"，建个图表。

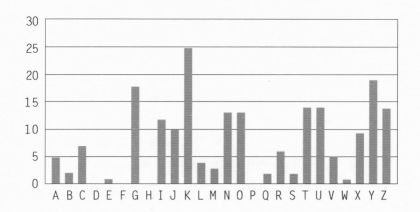

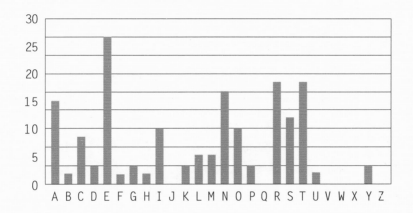

现在，对比完成后的图和我们先前从英文字母标准分布中得到的图。

情形立见：密文中很少见到"e"——这暗示密文不是简单的换位密码。然而，密文中的字母频率确实与标准频率有一些相似之处。例如，看一眼字母 K，它是最常见的字母——这可能暗示着它在密文中代替了"e"。

还存在其他线索——例如，在字母 K 之后，在 N 和 O 上有两个峰值，在 T 和 U 上也是。然后，在 X、Y、Z 上有 3 个相对高的峰值。

有经验的密码分析师可能注意到 2-2-3 峰值模式。在不加密的英语中，那些峰值出现在字母 H 和 I，N 和 O，R、S 和 T。

事实上，整个图看起来有点像它被向右拖动了 6 个位置，而事实也的确如此。

第 1 章　原创

文本是用长度为 6 的恺撒移位加密的。

所以，通过将密文中的每个字母在字母表中向左移动 6 个位置，Y 变成 S，C 变成 W，以此类推，直到：

YCKKVOTM OTZU OZGRE IGKYGX QTKC ZNGZ NK CGY XOYQOTM

CUXRJ CGX LUX NK NGJ IUTLKYYKJ GY SAIN ZU NOY

IUSVGTOUTY GTJ YNAJJKXKJ GZ ZNK VXUYVKIZ IRKGX YOMNZKJ

GY NK CGY NUCKBKX TUZ KBKT IGKYGX IUARJ GTZOIOVGZK ZNK

LARR IUTYKWAKTIKY UL NOY JKIOYOUT

经过解密以后，就变成一段节选自汤姆·霍兰德作品《卢比孔河》的文字：

Sweeping into ltaly, Caesar knew that he was risking world war for he had confessed as much to his companions and shuddered at the prospect. Clear-sighted as he was however, not even Caesar could anticipate the full consequences of his decision.

（扫荡意大利，恺撒知道他正冒险挑起世界大战，他向同伴如此坦言，并对前景不寒而栗。尽管恺撒明察秋毫，但即使是他也不能预测其所做决定的全部后果。）

文化符码

印度《爱经》

以现代的说法，《爱经》被视为性爱宝典的同义词。这一点被大量致力于《爱经》隐含意的插图版本、影像资料和网站所加强。

但是，印度哲学家伐蹉衍那的《爱经》（关于爱的格言），从它的全名看，绝不只是具有异域风情的性爱体位指南。该书不仅根据私处的大小定义了三种男人和女人（男人分为野兔型、公牛型和马型；女人分为鹿型、马型和象型），而且也是一本关于爱情、恋爱和婚姻等初学者的完全指南。

《爱经》对女人开发编码和解码的技巧也有几分看重。在书中列出的基本技巧列表的第41条，就是解开谜语和运用隐语的能力。接下来是《秘密书信》，"读懂密码写法与以特殊方式书写的能力"。

关于可能会用到的技巧，该书有几点实际说明。这包括，变换词语开头和结尾的文字，或是在音节之间加入字母。在写东西的时候，该书讲到"把一首诗的文字以不规则的方式排列，把元音和辅音分开，或者把元音字母省掉"。

关于《爱经》的一本重要评注，是耶输陀罗的《胜利吉祥偈》，写于公元1000年左右，包含可供使用的各种系统形式。大卫·卡恩在他的巨著《密码破译者》中，把其中提到的一种系统称作"考提里亚姆"；这是一种根据语音关系替代字母的方法，例如以辅音替换元音。

---

a kh gh. c t ñ n r l y
k g n t. p n. m s. s -

列出来的另一个方法是"穆拉德维亚"。在该方法中，字母表中的一些字母相互替代，而剩下的则保持不变。

---

a kh gh. c t ñ n r l y
k g n t. p n. m s. s -

"假如妻子与丈夫分居，并因此感到压力，她可以轻易地利用自己对这些技艺的知识养活自己，即使是在异地亦然。"伐蹉衍那说道。"精于这些技巧的男人，则很健谈，也相当会对女性献殷勤。"

虽然《爱经》里的一些建议在今天看来可能有些奇怪，但关于密写的建议很可能永远不会过时。古往今来的恋人们可以证实——从罗密欧与朱丽叶，到查尔斯王子和卡米拉——没有什么比情话流出卧室公之于众更让人尴尬的了。

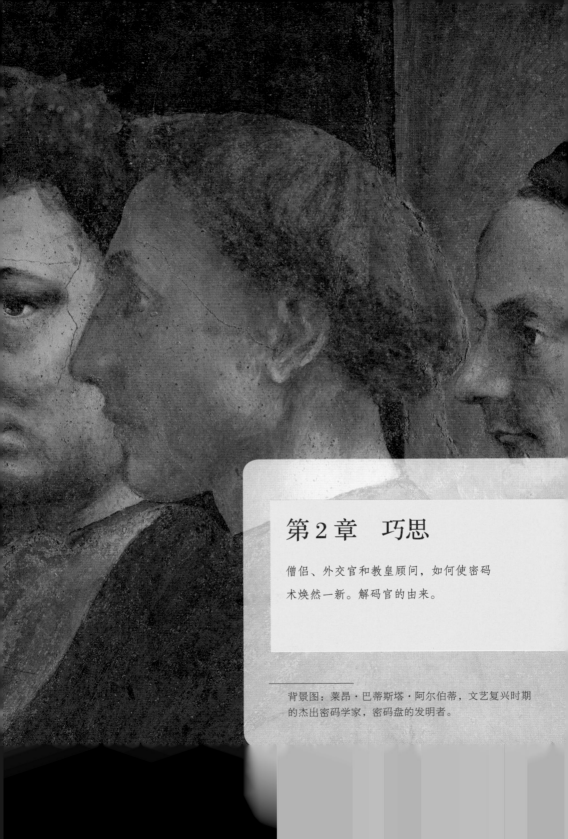

第 2 章　巧思

僧侣、外交官和教皇顾问，如何使密码
术焕然一新。解码官的由来。

频率分析的使用，打破了简单密码曾经提供的安全保证。这意味着，任何使用单一字母替代系统的人，都面临其信息被敌人破译和读懂的可能性。

破译者们或许技高一筹，但好景不长。一系列才华横溢的欧洲业余人士，已经开始了下一步行动，创造了一种比计算字母频度技巧还难破解的密码形式。

教皇密码

这个新的密码形式可以追溯到罗马教廷，它是莱昂·巴蒂斯塔·阿尔伯蒂奇思异想的结果。阿尔伯蒂是一个富有的佛罗伦萨人的私生子，是文艺复兴时期的天才学者，他的才华囊括建筑学、艺术、科学和法律。人人都说他是个破译奇才。一天，阿尔伯蒂和他的朋友，罗马主教秘书李奥纳多·达图，一起漫步在梵蒂冈的花园中，此时话题转到了密码上。达图坦言，罗马教廷需要发送加密信息——阿尔伯蒂答应帮忙。结果，他似乎在 1467 年前后写了篇短文，这篇文章为一种全新的密写术奠定了基础。

阿尔伯蒂在这篇文章中清楚解释了频率分析，

提供了各种破解密码的方法。
此外，文中也讲了另一种加
密系统：用两个同轴的金
属圆盘，圆盘的周长被
24 等份。外圈圆盘的各
等份，包含拉丁字母表
中的字母和数 1 到 4（他
把 h、k 和 y 排除在外，而
j、u 和 w 不在拉丁字母表
中）。内圈圆盘的格子包含
拉丁字母表的 24 个字母（省
略 U、W 和 J，加上了"et"），顺序
随机。

19 世纪根据阿尔伯蒂原
始构想制作的密码盘

　　在传送密信时，明文信息中的字母或数字，加
密者会将外圈圆盘上的字母换成内圈圆盘上的对应
字母。发信人和收信人需要有一模一样的密码盘，
并设定内外圈圆盘的初始位置。

　　至此，这个系统还只是一种单字母替代加密。
但是，在他接下来的叙述中，阿尔伯蒂向前迈出了
原创性的一步。"写了三四个词以后，"他说，"我将
转动圆盘改变内外盘对应关系的位置。"

　　这听上去可能没什么大不了的，但它的结果却
很重要。例如，就最初的几个字母而言，内圈圆盘
上的密文 k 可能对应明文 f，但是一旦圆盘被转动
了，密文 k 可能突然就代表 t，或者其他什么字母。

　　对破译者来说，这些情况把事情变得难上加
难。内外盘的每一种新的对应位置，都带来密文与

　　　　　　　　　　　　第 2 章　巧思

密码分析 |

让我们设想阿尔伯蒂想送出这条信息： "Tell Pope at once eleven ships will sail in the morning." （马上告诉教皇，十一条船将在早上起航。）

首先，阿尔伯蒂会根据既定的代码本，替换信息中的某些词语和短语。在这个练习中，让我们假定，14 代表"船将在早上起航"，342 替代"教皇"。

为了给这条信息加密，首先把这些短语替换成它们的代码数字组。这就产生： "Tell 342 at once eleven 14." （马上告诉 342 十一 14。）然后，根据第一个位置的密码盘给前三个词语加密：

明文	tell	342	at	Once	eleven	14
密文	IZOO	MRET	D1			

现在，改变密码盘位置，明文字母组与密文字母组的对应关系也随之改变。为了演示的目的，让我们把外盘逆时针转动一格。然后继续加密剩下的信息。

明文	tell	342	at	Once	eleven	14
密文	IZOO	MRET	D1	FSGA	ABAIAS	ETD

这就有了最终的密文： IZOO MRET D1 FSGA ABAIAS ETD。

从这个例子中你将看到，明文 tell 中的 e 被 Z 代替——但是一旦我们在单词 once 中碰到了 e，它就已经被 A 替代。相同的事发生在 l 上，l 在早先的词语中成了 O，但后来却成了 B。同样，在这段信息中，其密文 ET 起先代替 2，而后来则变成了取代 1。对于密码分析师来说，这种变化确实是真正的挑战。

文化符码

罗斯林的秘密：建筑和音乐中隐藏的含意

纵观历史，艺术家用隐藏含意、代码和符号丰富他们的作品。例如，人们认为，莫扎特的一些歌剧在暗地里提到了共济会；而列奥纳多·达·芬奇的绘画似乎经常富含微妙的潜台词和象征性。

建筑师也为他们的创造物赋予了微妙的信息。其中最神秘莫测的，可能位于苏格兰首府爱丁堡以南一个叫作罗斯林的小村庄。在那儿，你会发现被称为罗斯林教堂的那座令人惊奇的建筑。

教堂在1446年圣马太日奠基，教堂的结构富含代码和隐藏含意，数个世纪以来，参观者为之着迷。它最吸引人的部分是"学徒之柱"，雕刻着美丽独特的螺旋形图案。

有些人相信，"学徒之柱"与名曰"大师之柱"的同伴，象征"波阿斯柱"和"雅斤柱"，它们伫立在耶路撒冷第一圣殿的入口。在连接柱子的横梁上刻有拉丁语铭文（Forte est vinum fortior est rex fortiores sunt mulieres super omnia vincit veritas），翻译过来就是"酒烈，君主更强，女人更加强韧，但真理战胜一切"。这句引用来自《圣经》经外书《以斯得拉书》第三章。

这座教堂与共济会也有历史悠久的联系；据传说，它与圣殿骑士团也有关系。教堂处处都充斥着海勒姆密匙的各种标志，这是共济会传奇的名篇。在现代，这座建筑被用来给号称"现代圣殿骑士"的共济会组织举行典礼。

同样，由于罗斯林教堂与共济会的关系以及教堂地板下方有秘密地窖的传言，有人认为，

著名的"学徒之柱"

这座教堂可能是圣杯的最终安息处。传说有三个中世纪的木箱埋在教堂属地的什么地方，但是对教堂内部和附近区域的扫描与挖掘却一无所获。

然而，一项探索有了收获。2005年，苏格兰作曲家斯图尔特·米歇尔成功破译了一系列复杂代码，这些代码藏在教堂天花板的213个木雕立方体里。对这个问题苦思20年后，米歇

罗斯林教堂的内部雕花屋顶

尔发现立方体上的图案构成一支曲子，曲子是为13个中世纪演奏者写的。对教堂建造者来说，这不寻常的声音被认为具有精神意义。

米歇尔之所以破解这个密码，是因为他发现，教堂内的12根柱子的柱基磐石，每一个都形成一个终止式（乐曲结尾的三和弦）。在15世纪，人们只知道或者只用三种类型的和弦。

2005年10月，他告诉《苏格兰人报》："这支曲子是三拍子的，听起来天真烂漫，以素歌（那个时代节奏的一般形式）为基础，素歌是当时的常见节奏。15世纪没有太多对节奏的指导，所以我把乐曲长度设定为六分半钟，但是它可以拉长至八分钟，如果用不同的节奏。"

教堂本身为演奏这支曲子的音乐家提供说明。每根柱子的顶端都是一个在弹奏不同乐器的中世纪乐器的音乐家——这些乐器包括风笛、哨子、小号、中世纪口风琴、六弦琴——和歌唱家。这位爱丁堡音乐家将这支曲子命名为"罗斯林变量卡农"。

明文之间的新关联，这意味着（以英文为例）词语 cat（猫）在一种情况下是 gdi，在另一种情况中就是 alx。频率分析的效用因此被大大降低。

此外，阿尔伯蒂把外圈上的数字当作某种加过密的代码来使用。就是说，在为明文加密之前，他会根据一本代码手册，把某些短语替换成数 1 到 4 的数码组合。这些数字组合也会和其余的信息一道被加密。

阿尔伯蒂的非凡功绩为他赢得"西方密码学之父"的称号。但是，密码学的演进没有在那儿停止，多字母系统的下一步发展来自一个同样非凡的心灵之笔。

特里特米乌斯的表格

约翰内斯·特里特米乌斯是出生于日耳曼地区的修道士，是世界上第一本关于密码学专著的作者。他一生备受争议，退一步说，他对神秘主义感兴趣，这引来朋友们的惊愕和其他人的愤怒。

他对密码学的巨大贡献，在于一部专论代码和密码名为《密码学》的著作中；在他死后的 1516 年，该书按一套六卷出版。这部著作开创的方法，如今成了编写"多字母密码系统"的标准方法，也就是所谓的**表格法**。

密码分析 |

　　下页中就是特里特米乌斯讲的那种"表格"，用到了英文的全部字母。他的想法是编排一个表格，26 竖列 26 横行。每一行含有标准顺序的字母组；不过，在接下来的每一行中，字母顺序要按照恺撒移位法，每一行都向前移动一个位置。

　　在撰写加密信息时，特里特米乌斯建议：用第一行来加密第一个字母，用第二行加密第二个字母，以此类推。要使频率分析无法解开一段密文，特里特米乌斯的技巧提供的好处胜过了阿尔伯蒂。尤其是它让同一个单词内的字母重复的现象变得更模糊，而这种重复对破译者来说可能是条重要线索。

　　我们假设，你想要用特里特米乌斯的技巧加密 "All is well"（一切顺利）这条信息。用表格最顶行作为你的明文，用紧在其下的各行加密每一个字母，来生成密文。为了说明这是如何运作的，我们可以从表格的第一行找到明文中的第一个字母，我们从第一行中取出字母 a。对于第二个字母，则先在第一行找到字母 1，并且往下到第二行找到对应密码字母；而接下来的字母 1 则往下到第三行找到相对应密码字母。继续这个程序，直到信息加密完成为止。

　　因此，加密后的信息是 AMN LW BKST。我们可以注意到，原文明文中重复的 1，在密文中完全没有重复。

特里特米乌斯的表格

```
a b c d e f g h i j k l m n o p q r s t u v w x y z
b c d e f g h i j k l m n o p q r s t u v w x y z a
c d e f g h i j k l m n o p q r s t u v w x y z a b
d e f g h i j k l m n o p q r s t u v w x y z a b c
e f g h i j k l m n o p q r s t u v w x y z a b c d
f g h i j k l m n o p q r s t u v w x y z a b c d e
g h i j k l m n o p q r s t u v w x y z a b c d e f
h i j k l m n o p q r s t u v w x y z a b c d e f g
i j k l m n o p q r s t u v w x y z a b c d e f g h
j k l m n o p q r s t u v w x y z a b c d e f g h i
k l m n o p q r s t u v w x y z a b c d e f g h i j
l m n o p q r s t u v w x y z a b c d e f g h i j k
m n o p q r s t u v w x y z a b c d e f g h i j k l
n o p q r s t u v w x y z a b c d e f g h i j k l m
o p q r s t u v w x y z a b c d e f g h i j k l m n
p q r s t u v w x y z a b c d e f g h i j k l m n o
q r s t u v w x y z a b c d e f g h i j k l m n o p
r s t u v w x y z a b c d e f g h i j k l m n o p q
s t u v w x y z a b c d e f g h i j k l m n o p q r
t u v w x y z a b c d e f g h i j k l m n o p q r s
u v w x y z a b c d e f g h i j k l m n o p q r s t
v w x y z a b c d e f g h i j k l m n o p q r s t u
w x y z a b c d e f g h i j k l m n o p q r s t u v
x y z a b c d e f g h i j k l m n o p q r s t u v w
y z a b c d e f g h i j k l m n o p q r s t u v w x
z a b c d e f g h i j k l m n o p q r s t u v w x y
```

加密后的信息 "一切顺利"

```
A b c d e f g h i j k l m n o p q r s t u v w x y z
b c d e f g h i j k l M n o p q r s t u v w x y z a
c d e f g h i j k l m N o p q r s t u v w x y z a b
d e f g h i j k L m n o p q r s t u v w x y z a b c
e f g h i j k l m n o p q r s t u v W x y z a b c d
f 9 h i j k l m n o p q r s t u v w x y z a B c d e
g h i j K l m n o p q r s t u v w x y z a b c d e f
h i j k l m n o p q r S t u v w x y z a b c d e f g
i j k l m n o p q r s T u v w x y z a b c d e f g h
```

第 2 章 巧思

在 16 世纪接下来的几十年中，多字母密码背后的那些奇思妙想变得更加精致。但是，有个人的名字与密码的表格形式永远连在一起：布莱斯·德·维吉尼亚——一个法国人，出生于 1523 年。

维吉尼亚密码

维吉尼亚，法国外交官，他在 1549 年 26 岁时被派到罗马执行一个为期两年的任务，第一次接触密码术。那些年中，他读了阿尔伯蒂、特里特米乌斯等人的著作，或许也认识了一些梵蒂冈内部的解密人员。

20 年后，维吉尼亚从宫廷生活中退休，开始著书。他留下 20 多本作品，其中包括著名的《论密码》，这本著作于 1586 年首次出版。

罗马，维吉尼亚首次接触密码术的城市。

未解之谜

世上最神秘难解的书：
伏尼契手稿

1639 年，一位布拉格炼金术士，名叫格奥尔格·巴瑞希，给著名的耶稣会学者阿塔纳斯·基歇尔写了封信，请求他帮忙破译一本困扰他多年的书。这份手稿几乎每页都有复杂晦涩的图示，看起来跟炼金术有关，但却用神秘费解的字迹写成。

知道基歇尔已经"破译"了埃及象形文字，巴瑞希希望他能解开神秘之书的秘密，并给身

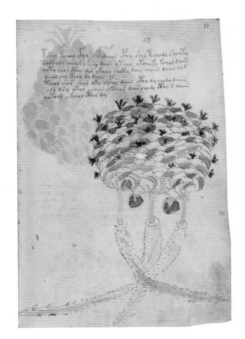

伏尼契手稿中的一页

在罗马的他送去几个副本。但是，基歇尔似乎和巴瑞希一样被这本书给难住了，并没有找到任何答案。

事实上，在此后的 360 多年也证实，这两位 17 世纪的学者无需对这次失败感到不好意思，因为这份后来被命名为伏尼契手稿的书仍旧完全是个谜。手稿书名来自波兰书迷弗雷德·伏尼契，此人在 1912 年罗马附近的一个耶稣会学院的图书馆里重新发现了这本书。

这本书 6 英寸宽，9 英寸长，共 232 页，几乎每一页都有复杂的插图：星星、植物和人形。在有些书页上，文字在一个螺旋中盘绕；而另一些书页中，文字排列在页边的方块里。很多时候，复杂的图画占着页面，文字看起来像被挤进剩余的空间。

伏尼契手稿在 1920 年代重见天日，此后就吸引了各地密码分析高手的注意。例如，第二次世界大战快结束时，威廉·F.弗里德曼（以破解日本外交密码"紫"而著称）试图在一个美国陆军密码分析师的业余俱乐部里破解它。和许多其他人一样，他们失败了。

当然，人们并不是没有提出什么谬误或以假乱真的解答。有些人提出，这本书包含了许多 13 世纪的修道士罗杰·培根的发现和发明。另有些人提出，这是本纯洁派教徒的祈祷书，这个教派在宗教裁判所时期免遭破坏，用日耳曼语和拉丁语系的克利奥尔语混合写成。

还有人提出这本书是个骗局——也许这是个中世纪的意大利江湖术士写的，为了打动他

的客户而瞎扯的胡言乱语；不过这份手稿的长度和复杂度，连同所用字母出现的模式令人信服，都反对这种说法。

在往后的三个多世纪中，该书魅力不减。欧洲太空总署的科学家勒内·赞德伯根，在过去的 15 年中一直为该书着迷。他说，这本书部分的吸引力在于：它看起来应该容易破解，却让许多杰出的头脑败下阵来。

赞德伯根并不自诩密码分析师，但是他过去的侦探工作已经揭开了伏尼契手稿的几个秘密，包括于史有证的一些通信，这有助于厘清该书的历史。在他看来，该书最大的可能是毫

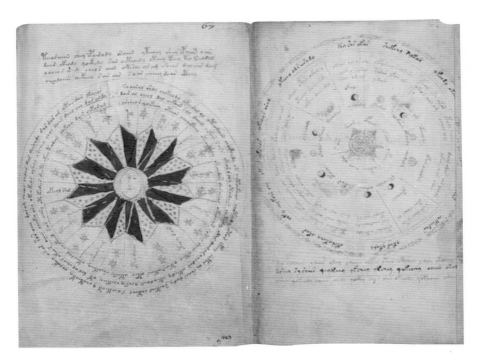

（对页及上图）自然和炼金术，谜样的伏尼契手稿。

布莱斯·德·维吉尼亚（1523—1596 年），法国外交官暨密码学家。

无意义，仅是一本可以回溯到五百年或者更久之前的一通胡扯。

　　"如果它不是个骗局，那么我唯一能想到的就是，书里的字更像是一个编码系统，"他说，而这使它更像是代码而非密码。事果如此，解密将依赖于找到它的代码本，或者其他一些文件，那可能藏在欧洲一些古老的图书馆里。

　　不管怎样，人们对这本现存于耶鲁大学的贝尼克珍本与手稿图书馆的伏尼契手稿，仍然乐此不疲、兴趣盎然。它仍然是世界各地的破译者们潜心研究的对象。他们所有的努力或许有朝一日将使密码得以破解。不过话说回来，也许这个谜团还是会一直持续下去。

密码分析 |

在多字母密码的发展上，维吉尼亚的书又向前迈出了重要一步，手段是提出一系列**密钥**，用密钥来决定用表格的哪一行来加密信息。不是简单地在不同的密码字母组间循环，发信息的人会以一种特别的顺序运用该表——例如，如果"cipher"（密码）这个词用作密钥，那么表格中以 c、i、p、h、e 和 r 打头的行将依次用来给信息加密。

要用这种方式给信息加密，写出明文，并在明文上方重复密钥。信息的每个字母都被加密，用的是表格中以密钥的对应字母为首的行作为加密的参照。

密钥	c	i	p	h	e	r	c	i	p	h	e	r	c	i
明文	a	v	o	i	d	n	o	r	t	h	p	a	s	s
密文	C	D	D	P	H	E	Q	C	I	O	T	S	Q	A

假设你的明文是"avoid north pass"（避免向北通行）。要给第一个字母 a 加密，你用以 c 打头的行。c 就是你写在 a 上方的密钥中的字母。

进行加密，你可以先找到表格中以字母 a 打头的纵列，然后往下找到该行与 c 打头的那一行的交会处，如此得到密文为 C。对明文中的第二个字母进行加密，过程是一样的——在 v 打头的那一纵列向下找到与字母 i 起始的那一行的交会处，就得到密文 D。

多字母密码的解密

尽管多字母密码不能简单地通过频率分析破译，但是你仍旧可以计算字母在密文中出现的频率获得一些有价值的线索。

首先，多字母密码的字母频率分布比较平均，不会出现常态分布中显著的

多字母密码

a b c d e f g h i j k l m n o p q r s t u v w x y z
b c d e f g h i j k l m n o p q r s t u v w x y z a
C d e f g h i j k l m n o p q r s t u v w x y z a b
d e f g h i j k l m n o p q r s t u v w x y z a b c
e f g h i j k l m n o p q r s t u v w x y z a b c d
f g h i j k l m n o p q r s t u v w x y z a b c d e
g h i j k l m n o p q r s t u v w x y z a b c d e f
h i j k l m n o p q r s t u v w x y z a b c d e f g
i j k l m n o p q r s t u v w x y z a b c **D** e f g h
j k l m n o p q r s t u v w x y z a b c d e f g h i
k l m n o p q r s t u v w x y z a b c d e f g h i j
l m n o p q r s t u v w x y z a b c d e f g h i j k
m n o p q r s t u v w x y z a b c d e f g h i j k l
n o p q r s t u v w x y z a b c d e f g h i j k l m
o p q r s t u v w x y z a b c d e f g h i j k l m n
p q r s t u v w x y z a b c d e f g h i j k l m n o
q r s t u v w x y z a b c d e f g h i j k l m n o p
r s t u v w x y z a b c d e f g h i j k l m n o p q
s t u v w x y z a b c d e f g h i j k l m n o p q r
t u v w x y z a b c d e f g h i j k l m n o p q r s
u v w x y z a b c d e f g h i j k l m n o P q r s t
v w x y z a b c d e f g h i j k l m n o p q r s t u
w x y z a b c d e f g h i j k l m n o p q r s t u v
x y z a b c d e f g h i j k l m n o p q r s t u v w
y z a b c d e f g h i j k l m n o p q r s t u v w x
z a b c d e f g h i j k l m n o p q r s t u v w x y

a	b	c	d	e	f	g	h	i	j	k	l	m	n	o	p	q	r	s	t	u	v	w	x	y	z
b	c	d	e	f	g	h	i	j	k	l	m	n	o	p	q	r	s	t	u	v	w	x	y	z	a
C	d	e	f	g	h	i	j	k	l	m	n	o	p	q	r	s	t	u	v	w	x	y	z	a	b
d	e	f	g	h	i	j	k	l	m	n	o	p	q	r	s	t	u	v	w	x	y	z	a	b	c
e	f	g	h	i	j	k	l	m	n	o	p	q	r	s	t	u	v	w	x	y	z	a	b	c	d
f	9	h	i	j	k	l	m	n	o	p	q	r	s	t	u	v	w	x	y	z	a	b	c	d	e
g	h	i	j	k	l	m	n	o	p	q	r	s	t	u	v	w	x	y	z	a	b	c	d	e	f
h	i	j	k	l	m	n	o	p	q	r	s	t	u	v	w	x	y	z	a	b	c	d	e	f	g
i	j	k	l	m	n	o	p	q	r	s	t	u	v	w	x	y	z	a	b	c	D	e	f	g	h

高峰和低谷。

以这段明文为例：

Aerial reconnaissance reports enemy reinforcements estimated at battalion strength entering your sector PD Clarke.

（空中侦察报告，敌人的增援部队估计将以一个营的兵力进入你的克拉克区。）

如果你计算明文的字母频率并绘成图表，你就会得到下列结果：

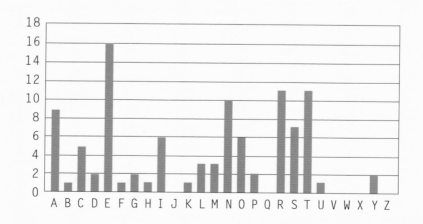

一个简单替换可能提供如下密文：

LWVOL QVWAT DOLOH HLDAW VWPTV FHWDW
RSVWO DNTVA WRWDF HWHFO RLFWK
LFJLF FLQOT DHFVW DMFBW DFWVO DMSTX
VHWAF TVPKA QLVCW

如果你为这段密码文的每个字母的频率计数，并绘成另一个图表，它看起来就像这样（注意，仍有许多字母的出现频率比其他字母高出许多）：

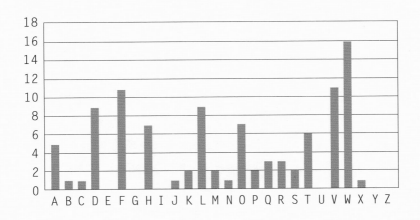

然而，多字母替代可能提供如下密文：

TARAB CZPNW TNNLL ZEFNM KLNHF OWWQM
PEPVM NKRXK QNPRB FXZXE MBXEO
LFJML RWPZS GZXSS EUZYS IXWRV QZFSG FEITT
HYHRW EGIKF

图表突然看起来平坦了许多：

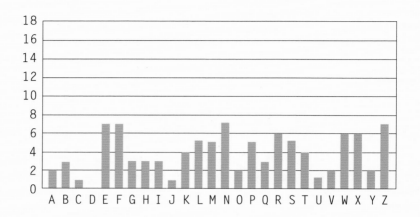

　　这种平坦的分布现象是条线索：表明这段密码文所涉及的密码系统可能是多字母的。一旦你有了这条线索，下一个障碍就是设法找出密码的密钥。

　　这可能是个不停重复的密钥，例如以 titus（提多）这个词当作密匙，它可能是一段连续的文字，如一首长诗，如塞缪尔·泰勒·柯勒律治的《世外桃源》。

　　找出重复密钥的窍门，是在密文中寻找重复的字母序列。例如，假设明文"report at zero two zero tomorrow"（在明天 00:20 报告）以"titus"作密钥用维吉尼亚密码加密。

密钥	titus	titus	titus	titus	titus	titus
明文	repor	tatze	rotwo	Twoze	Rotom	orrow
密文	KMIIJ	MIMTW	KWMQG	MEHTW	KWMIE	HZKIO

密文会是：

KMIIJMIM<u>TWKW</u>MQGMEH<u>TWKW</u>MIEHZKIO

    密码分析师可能注意到 TWKW 在密文中出现了两次，这提供了一条线索：这可能因为明文中相同的一段用密钥中相同的字母加密。

    从这段重复的密码文首次出现到第二次出现，中间间隔了 10 个字符的距离。对破译者来说，这条信息是无价的，因为这表明密钥要么长 10 个字符，要么就是 10 的除数，如 2 或 5。

    原来，发生这种重复，是因为 zero 这个词恰好对应到密钥词 titus 的同一个位置上，因此生成了两次相同的密文。

    当然，这样的线索不是总能得到，精明的密码分析师需要众多可供使用的其他方式。这可能包括猜测密钥的长度，利用假设的密钥长度来找出特定位置的字母频率，以及其他各种各样的技巧。毋须赘言，这个过程是耗时艰苦的，而且需要天马行空的想象和似乎永无止境的毅力。

黑室时代

　　与单字母密码相比，维吉尼亚密码难破解得多。然而，密码史家知道，多字母密码几百年都没有被广泛应用。在绝大多数情况下，密码词汇手册仍旧是首选之法，这很可能是因为，多字母密码尽管安全性高，但用起来慢，还容易出错。

　　其实，历史上技艺最精湛的密码学家之一，成就了漫长而成功的职业生涯，这源于他构建了难以破解的密码词汇手册的能力。他名曰安托万·罗西尼奥尔，生于 1600 年，是法国第一个全职密码学家，第一篇写给密码学家的诗歌就是以他为对象的——由他的朋友兼诗人布瓦罗贝尔所作。

　　罗西尼奥尔是国王路易十三宫廷里的重要人物，尽管他主要作为欧洲技艺最精湛的密码分析师而闻名，但他也是个有才的密码专家。

　　他 1626 年第一次引起国王和宫廷的注意，当时他迅速破解了一封信，信是从一位离开被封锁的雷阿勒蒙市的信使那里截获的。他的破译表明，控制该城的胡格诺派教徒亟需补给，濒于投降——信被解密送回给雷市市民，他们投降了，皇家军队出乎意料地轻易赢得

路易十三（1601.9.27−1643.5.14），被称为 "le Juste"（正义者），1610 年到 1643 年间统治法国。

了胜利。

这种迅速破解密码的能力，大大受到路易十三和他麾下诸位将领的赏识。因为罗西尼奥尔一次又一次地证明了他的价值，他得到了大量特权和财富。临终之时，路易十三跟他的王后说，对国家利益而言，罗西尼奥尔是最必需的人之一。

路易十三的重视，明确奠定了罗西尼奥尔在其继任者太阳王路易十四的宫廷中的地位，使得他的财富只增未减。

密码父子兵

事实上，安托万的儿子博纳旺蒂尔，也成长为一名卓越的密码学家，他们一起发明了"大密码"，一种极难破解的增强版单字母密码。

该密码在音节上而非单个字母上进行替换，而且包含许多小技巧，包括一种"忽略前一个代码组"的代码组。

大密码有时用来给国王最机密的信息加密，但安托万和博纳旺蒂尔死后，该密码被废弃不用，该系统的精确细节也因此失传。利用这种加密方法处理过的信息非常难以破解，以致许多信息经过了许多代后仍未破解，这反过来意味着，王家档案里有许多经过加密处理的信件都不可读。

这种状况一直持续到 1890 年，当时一系列用大

Antoine Rossignol
Mᵉ. des Comptes.

安托万·罗西尼奥尔（1600–1682 年），密码学最伟大的人物之一，他的儿子和孙子继续了这一传统，成为密码专家。

密码加密的信件被转给法国另一位著名密码分析师，指挥官艾蒂安·巴泽里，他花了三年时间，试着寻找解决方案。

终于，当他猜一组特定顺序的重复数字"124-22-125-46-345"代表"les ennemis"（敌人）时，他终于发现了这种密码的特质。从这一小段线索中，解开了整个密码。

顺便提一下，历史学家也把巴泽里发明的圆柱型密码装置记上了一笔，它有 20 个转子，每个转子上有 25 个字母表中的字母。该系统遭法国军方拒绝，反倒是美国在 1922 年采用了这种装置。

罗西尼奥尔父子的巨大成功显然让法国统治者深切地体会到，截获敌方加密信息有巨大价值。在这对父子兵的敦促下，法国建立了专门执行解密任务的最早的公共服务分支机构之一。

这个单位被称为**黑室**，是一个法国破译者团队，自 18 世纪以来专门针对外国外交官的信件往来进行例行拦截读取工作。

此外，这种制度化的密码分析也在 18 世纪的欧洲扩散开来，成为一种惯例。毋庸置疑，它们中最著名的就是在维也纳运作的那个——大致可翻译为**秘密法务室**。

维也纳黑室成立于玛丽娅·特蕾莎女王统治时期，她是哈布斯堡王朝 650 年历史中唯一的女性统治者。黑室因其高效而闻名，它也必须高效。因为 18 世纪维也纳是欧洲商业和外交的枢纽之一，每天有大量信件往来于城市的邮局。而维也纳黑室也充分利用

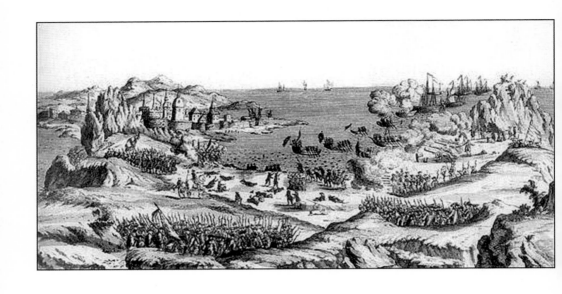

1762年英法七年战争时期，法军登陆纽芬兰圣约翰的景象。凭借新成立的"破译科"，英国人得以截获重要的战时情报资讯。

了这项资源。每封要邮递给地方大使的邮件，在早上7点左右被先带到黑室，在那里工作人员会读取并誊写重要的部分，然后把信重新封好，再把它们送去邮递并在9:30前递送。经由该城转寄的信件，处理方式类似，不过处理速度可能会慢点。

任何经过加密的信息将经受技艺精湛的分析——维也纳黑室为初出茅庐的密码分析师安排了十分成熟的训练计划，确保稳定供应训练有素的专业人员，使女王在这个游戏中保持领先。

与此同时，英国也有它自己的制度化密码分析单位——被巧妙地命名为**破译科**。这一政府机关也是一种家族事业，当时它由教士爱德华·威尔斯，即后来的圣大卫主教，和他的儿子掌管。

威尔斯父子和他们的破译员同事接收由秘密办公室和内务办公室截获的信件，它们是隶属于英国邮政的两个间谍部门。由于他们的工作，英国国王和政府才知道法国、奥地利、西班牙、葡萄牙和其他地方的阴谋。例如，英国破译员从密信中滤出的秘密帮助政府了解到，西班牙在英法战争中与法国结盟对付英国的情势。

但是，例行拆封信件不限于海外来函。政治家们很快发现，他们自己的通信也被监控了。19世纪后期，赫伯特·乔伊斯在他的书《邮局史》中写道：

> 早在1735年，议员们就已经开始抱怨，他们的信件有被邮局拆开过的明显痕迹。他们断言，这种拆封已经变得越来越频繁，而且正变得臭名昭著……这种情形显示，邮局里还有一个秘密办公室，独立于邮局局长而受国务大臣直接领导，目的很明显是拆封和检查信函。确实，这些操作假装仅限于外国信函，但事实上并没有这些限制……就在1742年6月，这些令人蒙羞的事实通过下议院委员会的报告公之于众了。

总的说来，黑室娴熟的工作给密码编写者带来更多的压力，迫使他们使用维吉尼亚密码这种多字母密码。这种压力很快就会因科技进步而倍增。随着电子通信时代的破晓，一切都将再次改变。

未解之谜

铁面人

数个世纪以来，铁面人的故事就如同许多谜一样，让艺术家们痴迷其中。诗人、小说家和电影导演都试图探究这名神秘男子的真实身份，他在 17 世纪的末期被监禁在法国。故事也创造了密码分析史上更为瞩目的业绩之一。

这一切开始于 1698 年，当时一个神秘男子被关在巴士底狱。自 1687 年或者更早开始，他就是法国政府的俘虏，但是任何时候他的脸都被面具罩着。似乎没有人知道他是谁，从哪里来，犯了什么罪；只知道这就是给他的惩罚。

法国作家暨哲学家伏尔泰，该故事的最早记录者之一，在他的书《路易十四时代》中记录了这个神秘人物。他写到，有个从来没有人看过真面目、只能将脸用铁面具隐藏起来的谜样的人物，从圣玛格丽特岛被转移到巴士底狱，他之前在皮内罗洛监狱，1703 年他大概 60 岁的时候死在巴士底狱。

1717 年，伏尔泰自己在巴士底狱被关了一年；监禁期间，他显然跟好几个伺候过铁面人的人说过话。据说，他长得挺高，年轻英俊，身着由蕾丝和亚麻制成的华丽服饰。

伏尔泰随口说了一些明显的暗示：这个人是路易十四的兄弟——伏尔泰指出他和国王同龄，与某位名人长得惊人的相似。大仲马在他小说中的暗示也大同小异。传说仍在继续，尽管一些显著的证据已经在 19 世纪由技艺精湛的密码分析师艾蒂安·巴泽里发掘出来。

巴泽里发现数值密码组与文本音节相关，并因此破译了路易十四的大密码之后，他一下

子揭穿了许多秘密。许多在宫廷中发现的高层通信因此而得以破解。

一天，他破解了一封 1691 年 7 月的急件，讲了国王对一位将军深感不满，这名将军解除了对一个意大利北部城镇的封锁，导致法国军队的失败。

急件命令，逮捕对失败负责的维恩·拉贝，也就是布隆德将军，要求部队应"将他押赴皮内罗洛监狱，晚上关在一间有哨兵看守的牢房

（对页及上图）铁面人故事的戏剧性激发了许多剧作家和电影制作人的想象力。

里，白天有在城墙垛上放风的自由，得戴着330 309"。

　　信息结尾部分的这两个密码组，在信件的任何其他地方都没有出现——所以巴泽里大胆假设，认为它们应该指的是"面具"和一个句号。

　　尽管这是一个大胆的假设，但是巴泽里宣布，布隆德确实就是铁面人。

　　这封信提供的是不是假线索呢？330 309真的意味着面具吗？有人暗示布隆德在1703年仍然活着，这又怎么说？有关铁面人的真实身份，仍存有许多的其他猜想，包括博福尔公爵和路易十四的私生子德·韦芒多伊伯爵。作家约翰·努尼，在1998年出版的作品《铁面人》中提到，铁面人仅仅只是个倒霉蛋，狱卒让他戴上面具，只是为了增加恐怖气氛。

　　巴泽里这一假设似乎走得太远了。在未来的这一段时间里，铁面人的真实身份之谜也许将会继续迷惑众人，并激发人们各式各样的想象。

第 3 章　才智

科技触发了密码术革命，但是很多密码
仍旧无解。双字母组合、普莱费尔密码
以及英国作曲家埃尔加的另一个谜。

背景图：塞缪尔·摩尔斯（1791–1972 年），摩尔
斯电码的发明者。

19世纪中叶，密码学发生了另一剧变。这一次，变革的推动力是一种新兴通信技术的诞生，它迫使密码员不得不寻找新方法来保密。

革命发轫于 1844 年，当时美国发明家塞缪尔·摩尔斯建了第一条电报线，在巴尔的摩、马里兰和华盛顿间绵延了将近 40 英里（60 千米）。该年的 5 月 24 日，摩尔斯发送了那条摘自《圣经》的电报 "What hath God Wrought"（上帝创造了何等奇迹），从华盛顿最高法院，发给他在巴尔的摩的助理阿尔弗雷德·维尔。

在摩尔斯电码中，信息可能按照如下所示传送：

.-.....--.....--....--.-....-.---
..---.....-

发送这条电文，摩尔斯向世界证明：远距离电信传输是可能的，并加速启动了一场对社会具有重大影响的巨大变革。

不久之后，商人开始应用这项技术，交易几乎立即可成；报纸利用其快捷，搜集新闻更迅速；政府部门则用它进行国内

摩尔斯电码字母表，引自阿米蒂·吉耶曼的《电力与磁力》，1891 年出版。

国际通信。几十年内，电缆网络横穿海底，横跨全世界各大洲，世界范围内的实时通信成为现实。

用早期的摩尔斯电码机发送信息（1845 年前后）

  但是，尽管电报具有速度快的优势，它却有个众所周知的缺陷——明显缺乏安全性。为了用他的系统发送信息，摩尔斯发明了一个长短脉冲系统，叫作摩尔斯电码，但它的电码本是公开的，所以完全无法保密。

  1853 年，英国出版物《评论季刊》的一篇文章说明了这个问题：

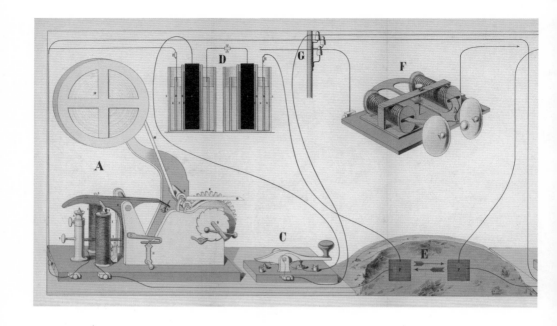

摩尔斯电报装置（1882
年前后）。A 为传送终端；
C 是产生断开点的"键"；
F 是发声系统。

应该采取措施，以消弭目前人们对透过电报
传送私人通信的反感，（由于电报违背了保密原
则之故）在一个人发电报给另一个人的时候，至
少有六七个人必定知道电报内容的每个字。

这层麻烦是，发报员要发报，就不得不读它。
意识到了这个问题，许多人就开始设想出自己认为
是"无法破解"的密码。他们先用各种方法将明文
信息加密，然后再让电报员将这则经过转换后的信
息转化成摩尔斯电码的点和线，发报员浑然不知信
息的真正意思。很快，人们就发明出各种隐秘的密
码系统以满足这种需求，其中的许多系统还是业余
爱好者开发的。

军队也采纳了这种新技术。对战术信息而言，代码或密码词汇手册被废弃，因为反复向众多的电报站分发新版本太麻烦了。很快，重要的军事信息就开始用古老而"无法破解"的维吉尼亚多字母密码加密。

如此一来，电报就和经过彻底改革的密码学结合在一起。电报不仅让加了密的信息瞬间传至千里以外，而且在代码和密码手册统治天下 450 年后，使密码术重新流行了起来。

风流韵事和文学密码

电报鼓励将军、外交家和商人把密码术用来确保其电报的私密性。但是，密码的魅力并不限于国家大事和商业机密。

大约在同时，普通男女也欣然接受密码的概念，乐意用加密方法来确保他们的私人信息不被他人读懂。

这种魅力也延伸到电报之外的范畴。在报纸上，维多利亚时代后期的年轻情侣们，把加过密的信息交给个人专栏——此所谓"苦情专栏"，体谅投稿者为情所苦——作为暗通款曲的途径，避开父母或其

查尔斯·惠斯通爵士
（1802-1875 年）

他人的白眼。

这些饱受煎熬的恋人们用的代码和密码，一般都很简单；因此业余密码分析师也开始破解信息，揭露其轻佻内容，以此作为游戏。

例如，著名的密码分析师兼英国皇家学会院士查尔斯·惠斯通，和圣安德鲁斯第一男爵莱昂·普莱费尔，就喜欢破解这些信息，权当周日下午的消遣。惠斯通和普莱费尔是好友，两人都身形矮小戴着眼镜，他们会在周日下午一起穿过伦敦的哈默史密斯

吉罗拉摩·卡尔达诺（1501–1576 年），意大利数学家、学者，卡尔达诺漏格板的发明者。

桥，边过桥边破解伦敦《泰晤士报》上的个人专栏。一次，惠斯通和普莱费尔破解了在一个牛津大学学生和他的心上人之间来往的信息。当这个学生建议私奔时，惠斯通决定插手，用这对恋人的密码登了一份自己的广告，力劝他们放弃莽撞的计划。很快，报上就出现了另一条信息：亲爱的查理，不要再写了，我们的密码被识破了！

人们对密码术的兴趣日益高涨，也渗进了文学。19 世纪几个最知名的作家把密码术写进了他们的小说中。

例如，威廉·梅克比斯·萨克雷，在 1852 年出版的作品《亨利·艾斯芒德的历史》中，就利用了隐写术。他利用的技术是所谓"卡尔达诺漏格板"，归功于 16 世纪的一个意大利医生。漏格板，是在硬纸或硬卡片上剪掉几个矩形条，高度是一行文本。

要用卡尔达诺漏格板加密信息，就把裁掉矩形格后的硬纸板放到一张白纸上，并用密文书写。然后，拿掉漏格板，用貌似别无他意的文本填满纸的其余部分。要揭示信息，就把相同设计的漏格板放在纸的上方，来揭开隐藏信息。这样的装置即使在第二次世界大战都还有人使用。

特定代码

有独创性的巴贝奇教授

查尔斯·巴贝奇（1792–1871 年）

查尔斯·巴贝奇，英国怪才和发明家。无疑是 19 世纪密码史上最让人着迷的人物之一。

巴贝奇才智过人。世人记得他，不仅是他发明了标准邮资，编制了第一份可靠的保险精算表，发明了一种里程计，而且他还发现了树木年轮的宽度取决于当年的气候。

尽管如此，他最著名的角色是机械计算之父。在自传中，他提到 1812 年自己坐在位于剑桥的分析协会的房间里，对着在他面前铺陈开来的一整桌对数表做白日梦。"另一个会员进了屋，看见半梦半醒的我，喊道：'喂，巴贝奇，在做什么梦呐？'我回道：'我在想所有的这些表（指着

那些对数）用机器应该可以算得出来。'"

到 1820 年代早期，他构思出一个计划，要建造一台机器，这机器能以程度很高的精确度算出这样的表。他把这机器叫作"差分机"，设想它需要 25 000 个零件，总重约 15 吨。尽管巴贝奇从政府那里争取到了大约 17 000 英镑（30 000 多美元）的资助，他自己在该项目中也投了数千英镑，但差分机从未完成。

差分机停止了，差不多同时，巴贝奇又发展了一个甚至更非同凡响的想法——分析机，它将有能力解决各种各样的计算问题。这种想法就是可编程计算机的前身，而巴氏直到 1871 年去世以前，都在持续不断地修正这个概念。

巴贝奇出生于 1792 年；在多病的童年，他似乎就开始对数学着迷。他对密码分析也早就有了兴趣，他后来回忆说，这个爱好有时

1834 年的分析机

1871 年 10 月 21 日星期六，拿着《帕尔摩报》海报的报童。海报上有当日的头条，其中一则是"巴贝奇之死"。

会招来高年级同学的极度不满。"年长的男孩们会制造密码，但如果我得到几个字，我通常能找到破解之法，"他写道，"这种聪明才智的后果，时不时地是痛苦的：尽管密码我破解是因为那些人的愚蠢，造密码的同学有时还是会揍我一顿。"

挨打也挡不住他对这个领域感兴趣；反而，等他长大了，他在某种程度上就似乎成了社会密码分析师。例如，1850 年，他破解了英国国王查理一世之妻亨莉雅塔·玛利亚的密码。他还帮助一位传记作家破解了一段笔记，笔记用速记法写成，作者是英国第一位皇家天文学家，约翰·弗兰斯蒂德。1854 年，一位律师找他帮忙破解一些密写的信件，一个案子需要这些信件当证据。

像他同时代的惠斯通和普莱费尔一样，巴贝奇也喜欢破解报纸上"苦情专栏"的加密启事，但是他的兴趣远远超过了破解简单的密码。

事实上，我们现在知道，他已经有能力破解一些据称是破解不了的多字母密码。

尽管巴贝奇对人类做出了卓越贡献，但他的成就直到现代才完全受到重视。像他如此多的凭空想象一样，他的密码学研究大都没有发表。有些人说，英国情报部门用他的研究来破解敌军通信，坚持将其秘而不宣。

与此同时，在普鲁士，一个名叫弗里德里希·卡西斯基的退休军官，正在努力寻找通过重复密钥来破解多字母密码的方法。

1863 年，卡西斯基出版了一本篇幅短小但很重要的书，书名是《密写术与解密术》。他在书中概述了一个困扰了密码分析师们几个世纪的多字母密码的一般方法。面对疑似多字母密码，卡西斯基在第 95 页建议密码分析师们："计算两段重复文字之间的距离……努力把这个得数分解成它的因数……最常出现的因数就是密钥的字母数。"

密码分析

大家记得巴贝奇，是因为他第一个想出了办法，解开了维吉尼亚的强大**自动密钥**密码。在这种密码中，明文信息合并进了密钥。要用自动密钥写信息，你可以用一个简短的关键词开始这个密钥，然后在明文信息的文本中因循它。这个系统的好处是，信息的发送者和接收者都只需要知道那个简短的起始密钥关键词，这避免了重复使用密钥密码的弱点。

试想你要发送信息 "begin the attack at dawn"（黎明时开始进攻），并决定以 "rosemary"（迷迭香）当作关键词。那么，密钥就变成了 "rosemarybegintheattackatdawn"。就像其他使用维吉尼亚表格的加密方法一样，顶行用来定位明文字母。用手指沿着纵列向下找，直到找到以密钥字母起始字母的横列为止。

对于密钥 r 和明文 b 而言，密码字母就是 S。S 在 r 行和 b 列的交点上。

加密过程开始就像这样：

密钥	r o s e m a r y	b e g i n	t h e	a t t a
明文	b e g i n t h e	a t t a c	k a t	d a w n
密文	**S S Y M Z T Y C**	**B X Z I P**	**D H X**	**D T P N**

如此一来，就有了密文 SSYMZTYCBXZIPDHXDTPN。

对信息的接收者（或任何知道关键词是"rosemary"的人）来说，替这则信息解密是个直截了当的过程。首先，破译用"rosemary"加密的明文字母，手段是找出密文字母在哪些行出现，这些行以关键词的每个字母打头。例如，对首字母来说，沿着以 r 打头的行找到字母 S。沿着该列向上找到它顶部的明文字母——在此例中就是 b。

一旦你破译了对应"rosemary"的密文部分，你就会得到信息的第一部分"begin the"。现在，你可用这 8 个字母作为破译后 8 个密文字母的密钥。不断重复这个步骤，直到信息被破解为止。

找出密钥的长度至关重要，因为这可以让密码分析师能根据密文字母长度来排列密码文。

之后，就可以将每一列排列好的密码文当作用单字母密码写成的密文对待。不是去尝试破译一条用个数未知的不同加密字母表加密的信息，突然之间你就处在这么一个位置上：你知道密文中的哪些字母是用相同的加密字母进行加密的。把这些字母归为一组，你可以对它们进行频率分析，用破解单字母密码的其他技巧来对付它们。这个步骤被称为**卡西斯基测试**。

以下面这段摘自美军密码作业手册的密码文为例。

FNPDM GJRMF FTFFZ IQKTC LGHAS EOSIM PVLZF LJEWU WTEAH EOZUA
NBHNJ SXFFT JNRGR KOEXP GZSEY XHNFS EZAGU EORHZ XOMRH ZBLTF BYQDT
DAKEI LKSIP UYKSX BTERQ QTWPI SAOSF TOKTS QLZVE EYVAW JSNFB IFNEI
OZJNR RFSPR TWHNJ ROJSI UOCZB GQPLI STUAE KSSQT EFXUJ NFGKO UHLZF
HPRYV TUSCP JDJSE BLSYU IXDSJ JAEVF KJNQF

步骤一，是找到重复的密码文序列，就理想状态而言，长度可能是三个字母或更多。在上面的密码文中，那些字母的重复序列已经用下划线标出。接下来，分析重复序列之间的距离有多远：从第一个序列的开头开始计数，直到下一个重复序列出现之前的字母。

接下来，你需要计算那些距离数字的可能因数。

重复	距离长度	可能的因数
FFT	48 个字符	3、4、6、8、12
QKT	120	3、4、5、6、8、10、12
LZF	180	3、4、6、10、12、15
HNJ	120	3、4、5、6、8、10、12
JNR	102	3、6
RHZ	6	3、6

　　所有重复序列的唯一公因数是 6，所以下一步是按顺序将密码文写成 6 个纵列。在密钥长度是 6 的基础上着手处理，假设每一列都是以一个密码字母加密。

1	2	3	4	5	6
F	N	P	D	M	G
J	R	M	F	F	T
F	F	Z	I	Q	K
T	C	L	G	H	A
S	E	O	S	I	M
P	V	L	Z	F	L
J	E	W	U	W	T
E	A	H	E	O	Z
U	A	N	B	H	N
J	S	X	F	F	T
J	N	R	G	R	K
O	E	X	P	G	Z
S	E	Y	X	H	N
F	S	E	Z	A	G
U	E	O	R	H	Z
X	O	M	R	H	Z
B	L	T	F	B	Y
Q	D	T	D	A	K
E	I	L	K	S	I

P	U	Y	K	S	X
B	T	E	R	Q	Q
T	W	P	I	S	A
O	S	F	T	Q	K
T	S	Q	L	Z	V
E	E	Y	V	A	W
J	S	N	F	B	I
F	N	E	I	O	Z
J	N	R	R	F	S
P	R	T	W	H	N
J	R	O	J	S	I
U	O	C	Z	B	G
Q	P	L	I	S	T
U	A	E	K	S	S
Q	T	E	F	X	U
J	N	F	G	K	O
U	H	L	Z	F	H
P	R	Y	V	T	U
S	C	P	J	D	J
S	E	B	L	S	Y
U	I	X	D	S	J
J	A	E	V	F	K
J	N	Q	F		

现在我们可以对每一列中的字母进行频率计数。就第一列而言，我们得到下列频度。

```
                    —
                    —
                    —                          —
      — —           —           — —      — — —
  —       — —       —           — — —    — — —           —
  A B C D E F G H I J K L M N O P Q R S T U V W X Y Z
```

对于密码分析师来说，这种频率分布包含一些线索。最频繁出现的字母 J，是它替代了字母 e 吗？另一方面，存在高频字母 OPQ 和 STU 的两个丛集，根据一般英文文章的字母标准频度分析来推论，它们可能代表 nop 和 rst。如果是这样，那么密文 B 可能代表明文 A，以此类推下去。

　　当你对第二列重复这个步骤时，你会得到一张完全不同的图：

```
          —
          —                  —          —
 —        —                  —    — — —    
 — — — — — — —    — —      — — — — — — — — —
 A B C D E F G H I J K L M N O P Q R S T U V W X Y Z
```

　　这个分布模式与标准字母频率非常接近。在这些字母中，明文和密文或许是相同的？

　　一旦你开始对密文中每个字母的加密方式进行猜测，你就可以开始把推论的对应字母替换回去，看看这样解出来的文字能否说得通。

　　在下页的例子中，假设我们所做的猜测是正确的，然后以此进行解密。这样，对于表格中最左边的第 1 列来说，我们对每个字母向后移一个位置用恺撒移位进行——则 B 变成 a，C 变成 b，F 变成 e，等等。在第 2 列中，明文字母和密文字母相同，所以没变化。我们也依此解决了第 5 列，一个 12 位的恺撒移位。

　　多字母密码的密钥有 6 个字母长，在局部解密中，密文被分成 6 个纵列，每一列都表示信息中的字母，都是用关键词（见下）中的相同字母加密的。在这个例子中，只有纵列 1、2、5 被解密。在上的字母是解密后的明文，在下的字母是密文。

即使只解开三个字母，部分明文也变得清楚了。例如，从表格中我们能看到的第一个词是"en_ _y"，在军事语境中，"enemy"（敌人）可能是合理的猜测。

1	2	3	4	5	6
e	n			y	
F	N	P	D	M	G
i	r			r	
J	R	M	F	F	T
e	f		c		
K	F	Z	I	Q	K
s	c		t		
T	C	L	G	H	A
r	e			u	
S	E	O	S	I	M
o	v		r		
P	V	L	Z	F	L
l	e	i		i	
J	E	W	U	W	T
d	a			a	
E	A	H	E	O	Z
t	a		t		
U	A	N	B	H	N
l	s		r		
J	S	X	F	F	T
l	n		d		
J	N	R	G	R	K
n	e		s		
O	E	X	P	G	Z
r	e		t		
S	E	Y	X	H	N
e	s		m		
F	S	E	Z	A	G

1	2	3	4	5	6
u	e	o	r	h	z
X	O	M	R	H	Z
b	1	t	f	b	y
Q	D	T	D	A	K
e	i	1	k	s	i
P	U	Y	K	S	X
b	t	e	r	q	q
T	W	P	I	S	A
o	s	f	t	q	k
T	S	Q	L	Z	V
e	e	y	v	a	w
J	S	N	F	B	I
f	n	e	i	o	z
J	N	R	R	F	S
p	r	t	w	h	n
J	R	O	J	S	I
u	o	c	z	b	g
Q	P	L	I	S	T
u	a	e	k	s	s
Q	T	E	F	X	U
j	n	f	g	k	o
U	H	L	Z	F	H
p	r	y	v	t	u
S	C	P	J	D	J
s	e	b	1	s	y
U	I	X	D	S	J
j	a	e	v	f	k
J	N	Q	F		

完整的明文，根据上面的表格破译出来，就是：

enemy airborne forces captured bugov
airfield in dawn attack this morning pd enemy
strength estimated at two battalions pd
immediate counter attacks were unsuccessful pd
enemy is concentrating armor in third sector
in apparent attempt to join up with airborne
forces pd request immediate reinforcements
pd.

（黎明占领布果夫机场的敌方空军今早发动攻
击。敌军估计有两个营。即时反攻失败了。敌方军
力集中在第三区，显然是要与其他空军会合。请求
立即增援。）

（在这个例子中，明文中的"pd"代表句号。）

特定代码

普莱费尔密码

1854 年年初，莱昂·普莱费尔，苏格兰科学家、国会议员，受邀参加一场由理事会主席格兰维尔勋爵举办的上流社会的晚宴。

晚会期间，普莱费尔向各位来宾描述了一种新密码，该密码由他的朋友查尔斯·惠斯通设计，作为保障电报通信安全的手段。

该密码是第一次使用双字母组置换的密码，字母的置换是成对的而不是单个的。

要使用这个密码，首先选一个信息发送者和接收者都知道的关键词——比如说，SQUARE（正方形）。在一个 5×5 的正方形中，写出关键词（删除所有重复的字母），接下来顺序写出字母表中其他字母，并把 I 和 J 合写到一个单元格中：

S	Q	U	A	R
E	B	C	D	F
G	H	IJ	K	L
M	N	O	P	T
V	W	X	Y	Z

要加密信息，就得把明文分成一对一对的。并在任何重复字母的中间插入字母 x 进行分隔。加上一个 x，使最后一个单独的字母成为双字母组。这样，词语 common（普通）将变成 co、mx、mo、nx。

一旦字母被分成一对一对的，由两个字母组成的每对双字母就落入三种类型之一。两个字母要么在同一行，要么在同一列，要么这两种情况都不是。

处在同一行的两个字母，每个都用正方形中它右边的字母来替代——则 np 将变成 OT。每一行都被看作一个循环，所以在上面正方形中，比方说，r"右边"的字母就是 S。

出现在同一列中的字母，以同样的方法被紧靠下的字母所取代。

在明文字母既不同行又不同列的情况下，每个字母被这样的字母所替代：与自己同行，但又与另一字母同列。所以，ep 将变成 DM。

要解密像普莱费尔密码这样的双字母密码，一种方法就是寻找密文中最频繁出现的双字母组。并将它们假设撰写明文所使用的语言中最频繁出现的双字母组。在英语中，这些双字母组是 th、he、an、in、er、re 和 es。

另一个诀窍就是在密文中寻找顺序相反的字母组，如 BF 和 FB。在用普莱费尔密码加密的文本中，这些双字母组经过解密以后总会对应到明文中相同模式的字母，例如 DE 和 ED。

密码分析师若研究密文中邻近的顺序相反的双字母组，再把它们与已知的明文单词中包括同样模式的部分相比对，如 REvERsed 或者 DEfeatED，以此方式开始重建密钥。

惠斯通和普莱费尔把这种加密方法交给外交部的副部长，但副部长认为这个系统过于复杂。惠斯通反驳说，他仅需要 15 分钟便可完成加密，而且可以把这种技巧传授给最临近小学

莱昂·普莱费尔，圣安德鲁斯男爵（1818–1898 年）

中四分之三的学生。"这非常可能，"副部长回答说，"但你千万不能把它教给使馆的随员。"

尽管最初有所怀疑，英国战争办公室最终采用了这种密码。尽管该密码是惠斯通发明的，但由于是由普莱费尔向英国政府游说而受到采纳，所以人们将这种方法称为"普莱费尔加密法"。

南北战争中的密码

1861 年 4 月 12 日，邦联将军博雷加德在南卡罗来纳州查尔斯顿的萨姆特堡开火，拉开了美国内战的序幕。不久之后，俄亥俄州的州长传唤一个 36 岁名叫安森·施塔格的电报员到州政府报到。

俄亥俄州州长知道，战争的爆发使得保障电报通信至关重要，他向施塔格提了两个要求：开发一个系统，这样州长就能安全地通过电报与伊利诺伊州和印第安纳州的州长通信，并取得对俄亥俄军事区电报线路的控制权。

找施塔格算是找对人了。塞缪尔·摩尔斯在 1844 年发明了电报，当时施塔格已经 19 岁了。作为纽约州罗切斯特市亨利·奥莱利出版社的一名印刷学徒，施塔格希望进入印刷业；然而，1864 年，他却进入了电报业。

奥莱利在宾夕法尼亚州架了一条电报线，施塔格负责其中的一个电报站。随着奥莱利电报线路的延伸，施塔格的职责也在扩大。他搬到了俄亥俄州，管理那里的电报线路，最终担任在 1856 年新成立的西部联合电报公司的第一任总裁。

应州长要求，施塔格开发了一套简单而高效的密码系统。很快，有关它的好处的消息传到了联邦陆军少将乔治·麦克莱伦那里，他要求施塔格以同样的思路开发一套军事密码。

在短时间内，施塔格的密码就被联邦军队广泛接

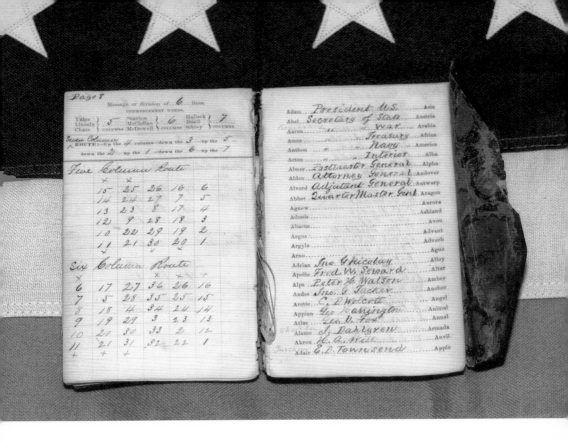

受。它简单而可靠，这让它成为内战期间用得最广的密码。

就本质来说，该密码基于字词置换，或称在信息中重排单词的顺序。这种方法是将信息明文横向书写排列，再按照列抄写成另一则信息。使用寻常的单词，而不是不相关联的字母群组的方法，使信息就比较不易出错。

随着战争的进展，施塔格和联邦密码操作员为联合路由密码开发出十个不同的版本。在这些版本中，都选择不同的编码单词来代替明文信息中的词语，并且选择各种不同的路径向上或向下编织密文。

美国内战中用过的密码本

让我们以一则由亚伯拉罕·林肯在 1863 年年中传送的信息来说明这种方法如何运行。

For Colonel Ludlow.

Richardson and Brown, correspondents of the Tribune, captured at Vicksburg, are detained at Richmond. Please ascertain why they are detained and get them off if you can. The President. 4.30p.m.

（致上校勒德罗

理查森和布朗，两位《论坛报》记者在维克斯堡被捕，目前被扣于里士满。请查明其被扣原因，如可能请设法搭救。总统。下午 4:30。）

当时所用的密码系统用 "VENUS" 代替 "colonel"，用 "WAYLAND" 代替 "captured"，用 "ODOR" 代替 "Vicksburg"，用 "NEPTUNE" 代替 "Richmond"，用 "ADAM" 代替 "Presi dent of US"，用 "NELLY" 代替 "4.30p.m."。

替代那些单词后，信息成了这样：

For VENUS Ludlow

Richardson and Brown, Correspondents of the Tribune, WAYLAND at ODOR, are detained at NEPTUNE. Please ascertain why they are detained and get them off if you can. ADAM, NELLY

（致维纳斯勒德罗

理查森和布朗，两位奥多威兰《论坛报》记者，被扣在海王星。请查明其被扣原因，如可能，请设

法搭救。亚当，奈丽。）

联邦军于 1863 年攻破密
西西比州维克斯堡的景象

要加密这条信息，密码操作员就要选取路径。
在这个案例中，他选了 GUARD（卫兵）。这需要
把信息写成 7 行，每行 5 个单词，外加"空值字"
或无意义单词，以便构成一个长方形。在表格中，
明文信息的单词小写，编码后的单词大写：

For	VENUS	Ludlow	Richardson	And
Brown	Correspondents	Of	The	Tribune
Wayland	At	ODOR	Are	Detained
At	NEPTUNE	Please	Ascertain	Why
They	Are	Detained	And	Get
Them	Off	If	You	Can
ADAM	NELLY	THIS	FILLS	UP

在这个案例中，为了变换词语的顺序，密码员先从第一栏由下至上，再从第二栏从上向下读取，再从下向上读取第五栏，再从上向下读取第四栏，最后从下向上读取第三栏。为了进一步提高安全性，我们在每一列的结尾再加上另一个无意义的"空值字"。

GUARD ADAM THEM THEY AT WAYLAND BROWN FOR   KISSING

VENUS CORRESPONDENTS AT NEPTUNE ARE OFF NELLY   TURNING

UP CAN GET WHY DETAINED TRIBUNE AND   TIMES

RICHARDSON THE ARE ASCERTAIN AND YOU FILLS   BELLY

THIS IF DETAINED PLEASE ODOR OF LUDLO   COMMISSIONER

这就有了最终的信息：

GUARD ADAM THEM THEY AT WAYLAND BROWN FOR KISSING VENUS CORRESPONDENTS AT NEPTUNE ARE OFF NELLY TURNING UP CAN GET WHY DETAINED TRIBUNE AND TIMES RICHARDSON THE ARE ASCERTAIN AND YOU FILLS BELLY THIS IF DETAINED PLEASE ODOR OF LUDLOW COMMISSIONER
（卫兵亚当其他们在威兰布朗致亲吻维纳斯记者于海王星请救奈丽转角向上可能解原因被扣论坛和时代理查森这是查明和你填充肚子这个如被扣请奥多勒德罗委员）

未解之谜

隐藏的宝藏，隐藏的含意
——比尔密码

19世纪，对很多为密码学神魂颠倒的人来说，破解密码的欢愉和满足可能足够奖赏他们的努力。但是如果这不够令人满意，也许3000万美金的藏宝更有激励效应。

这是一罐等待发掘的金子，藏在所谓"比尔密码"的密码彩虹表的顶端。比尔密码是在1885年冒出来的一个谜，那时一个名叫J.B.华德的人开始卖一本小册子，讲的是弗吉尼亚州的一处宝藏。华德的小册子讲了一个故事，讲的是一个名叫托马斯·杰弗逊·比尔的人，还讲到了他在1820年代留在美国弗吉尼亚州林奇堡华盛顿酒店里的加密信息。

小册子说，比尔在1820年1月首次造访这家酒店，待了一个冬天，引起了店主罗伯特·莫里斯的注意。莫里斯认为比尔是"他见过的最英俊的男子"。比尔在3月突然离开，两年后又回到这里，在林奇堡度过余下的冬季。这次离开前，他委托莫里斯保管一个上了锁的盒子，他说里面有"贵重的文件"。

小册子说，莫里斯忠诚地守护这只盒子23年，直到1845年他打开盒子。里面的笔记描述了1817年4月比尔和其他29人如何横穿美国，穿过西部平原，来到圣达菲，然后北上。根据笔记，在一个小山沟里，这队人马交了好运——"在石头缝里发现了大量金子"。

他们决定把这笔财富藏在弗吉尼亚的一处秘密地点，但先要从这堆沉重的金子中拿出一些换成珠宝。为此任务，比尔在1820年到了林奇堡。显然，比尔再次造访，是因为那群人担心，

一旦发生什么意外，他们的亲属会找不到这个宝藏。

比尔的任务是找到一个可靠的人，能够对他吐露秘密，在他们突然死去时执行他们的遗愿。他选了莫里斯。读完笔记，莫里斯觉得有义务将此笔记转交给那些人的亲属，但是他被卡住了——关于宝藏及其位置还有家属姓名的描述，被加密成三页无意义的数字。便条说，密码的密钥将由第三方寄到。但密钥始终没有寄来。

据小册子说，1862年，莫里斯在临终前把他的秘密告诉了一位朋友华德，他在第二页密码上做出了惊人的直觉性突破。显然，他猜想那些数字在顺序上对应《独立宣言》的词语。所以，数73代表宣言中的第73个词语——即"保持"——以此类推。

继续这个过程，华德，小册子的作者，将比尔密码解为以下信息：

> "我把东西埋在贝德福德郡，距贝德福德大约4英里处、6英尺深的一个地窖中：……藏宝包括2921磅黄金和5100磅白银；以及在圣路易斯用白银换来的珠宝，此为减少运输之麻烦……这些东西都安全地装在几个有铁盖的铁罐里。地窖几乎装满了石头，铁罐放在坚固的石头上，上面又覆盖着石头……"

不幸的是，华德在他的小册子中写到，用

《独立宣言》

《独立宣言》作密钥，并不能解开另外两个比尔密码。其后数代破译者也未能解开比尔密码之谜——包括美国一些最聪明的破译专家。怀疑论者毫不犹豫地断言这本小册子是个骗局；

但是，对另一些人而言，巨额财富的诱惑，再加上这个挫败众多破译专家的挑战，长久以来令人难以抵抗。

到了 20 世纪，美国密码学巨匠威廉·弗里德曼，对联邦系统缺乏复杂性嗤之以鼻。尽管如此，这个系统被证明非常高效，南部邦联军队从未破解北方美利坚合众国的加密信息。

然而，南部邦联军队自己则从未达到同等的安全度。叛军经常使用维吉尼亚密码，但是传输上的错误导致没完没了的麻烦。

南部邦联通信的安全，也因为一个在白宫旁陆军部工作的三个年轻密码员而饱受威胁。这三个人——大卫·荷马·贝茨、查尔斯·廷克和阿尔伯特·钱德勒——慢慢习惯了这种景象：林肯穿过草坪，走向他们的办公室，进屋浏览特别准备的信息副本。

这三个刚满 20 岁的年轻人，在战争期间破解了好几种邦联密码文件，包括数封叛乱者之间计划发行公债和印钞票以供南部邦联政府使用的书信。

强大的柯克霍夫

在南邦联破解美利坚合众国军队密码的努力中，倘若美国南部邦联发现一个人，绝对能够获得非常大的助益。他就是奥古斯特·柯克霍夫。在美国内战前后，这位教师住在法国小镇默伦，在巴黎郊外约 25 英里处。

柯克霍夫是个兴趣广泛的语言学家。他大部分的职业生涯都在中学和大学里教书度过，在此后的 1883 年，他写了本对法国及其他国家的密码界都产生了重大影响的著作。

柯克霍夫这本《军事密码》，起初作为两篇论文发表在法国《军事科学期刊》。在文章中，他以批判性的眼光对目前的密码技术进行了评论，呼吁法国人在此方面加以改善。他特别关心找到解决当代主要密码难题的办法——找到一个可靠的既适合在电报传讯、容易使用且够简单的保密系统体系。

在第一篇论文中，他列出了六项声明，对开发野战密码的人来说，直到今日也还是一个标准。按照柯克霍夫的意思，对军事密码的要求可以归结如下：

一、系统必须在本质上（如果不是在数学上）破译不了；

二、系统必须不需要保密，被敌人窃取也不会带来麻烦；

三、密钥必须容易沟通与记忆，不需要写笔记；在不同的共享者之间更换或修改密钥也必须简单；

四、系统应该与电信通信技术兼容；

五、系统必须轻便，方便一个人单独操作；

六、该系统必须易于使用，同时不会造成使用者的心理压力，或要求使用者记住一长串规则。

这六个规则里，最有名的是第二个，它的意思是说：即使密码系统的一切都被公之于众（密钥除外），其安全性仍不会因此受到影响。密码学家将此原则称作**柯克霍夫法则**。

柯克霍夫的书里有对密码分析的重要建议。杰出的密码史学家大卫·卡恩说，柯克霍夫在其著作里确立了如下原则，直到今天这个原则也仍然适用："密码分析的严酷考验，是对军事密码唯一可靠的检验。"

对当时的密码界，该书的出版无疑造成了重要影响。政府买了好几百册，使得这本书受到广泛阅读，在全法国掀起了一次密码复兴。在第一次世界大战酝酿期间，法国在密码学上的优势证实是极具效用的有利条件。

未解之谜

朵拉贝拉密码
——埃尔加的另一个谜

爱德华·埃尔加，英国最著名的作曲家之一，长期以来沉浸在密码和谜语的世界里。例如，他备受喜爱的曲子《原创主题变奏曲》通常称之为《谜语变奏曲》，因为在 1899 年此曲首演时，节目单上的说明文字是用密码写成的。

"这谜语我是不会解释的，"他写道，"它的'秘密含意'必不能被猜中。我提醒你，变奏和主题间的明显联系往往是最不重要的纹理；

爱德华·埃尔加（1857-1934 年）

此外，贯穿又超越于整部曲子的是另一个更大的主题，但它没被演奏出来。"

但是，爱德华·埃尔加对隐藏含意的痴迷超出了音乐领域。他给朋友们的信中充满了文字游戏和音乐谜语。埃尔加的一处家宅名叫"克雷格雷亚"（Craeg Lea），是在妻子的名字卡莉丝（Carice）和爱丽丝（Alice）与自己的名字爱德华（Edward）中取名字的首字母和其姓氏 Elgar（埃尔加）的易位构词。

埃尔加热爱密码术的例子中，最有名的一个，要回溯到《谜语变奏曲》首演的两年前左右。1897 年 7 月 14 日，埃尔加给一位年轻朋友送去一封用密码写成的信，该密码直到今日也没人能真正破解。

这封信的收信人是多拉·佩妮，是伍尔弗汉普顿的圣彼得教堂的牧师阿尔弗雷德·彭尼 22 岁的女儿。埃尔加之妻爱丽丝在她的书《爱德华·埃尔加：变奏曲的回忆》中讲到，从 1890 年代后期到 1913 年，佩妮与埃尔加夫妇交往甚密。在埃尔加寄出那封密码信的时候，多拉和埃尔加夫妇曾见过几次。

"众所周知，"多拉写道，"对谜题、密码这类东西，埃尔加总是很感兴趣。在此附上的密码（如果我从他那里收到的第三封信，如果它真的是一封信的话）是随附在一封（埃尔加的妻子）写给我继母的信中一起寄来的。信的背面写着'佩妮小姐'。他们随后就在 1897 年 7 月来伍尔弗汉普顿拜访我们。"

"信件传达着什么信息，我一点儿都不知

朵拉贝拉密码

多拉·佩妮

道；埃尔加从来不解释，想破解它的努力也都失败了。如果本书的哪位读者成功地找到破解办法，我会非常有兴趣听一听。"

多拉就是《谜语变奏曲》中第十变奏（朵拉贝拉）的灵感来源，所以有些人推测，埃尔加给她的密码也许提供了线索，让人更了解这首曲子的深层奥秘。在此后的日子里，她问过埃尔加《谜语变奏曲》的秘密，他回答说："在所有人中，我以为你能猜到。"多拉于 1964 年去世，所以如果只有她一人知道这些谜题的秘密，那么破解的希望可能也随她的辞世一起破灭了。

第4章 毅力

坚忍不拔的意志，有助于破解英格玛密
码机和其他战时密码。齐默尔曼电报、
ADFGX密码、冷战时期密码、薇诺娜代码、
纳瓦霍密语。

背景图：1914年第一次世界大战期间，以战壕为掩护
的英国士兵试图突破德国从艾佩伊到格利库的防线。

历史何去何从，可能取决于密码破解的成功与否。在战争期间尤其如此。破译不了的密码可以成为任何国家军械库中最有力的武器。军事领袖可以在确信自身战略不会被敌人窥破的情况下，传送信息给前线部队。假如密码被破译了，它就可能反过来对主人造成伤害。如果敌人能读懂你最机密的信息，你却对加密已被破解一事懵然无知，他们就能毁掉你的神机妙算。

在最近的战争中，这意味着密码专家和密码分析师，已经在实战中狭路相逢。在很大程度上，战争的胜负取决于哪一方占上风。因此，密码制造者和密码破解者已经处在前线，即便不能说他们身临其境，他们的心思也在那儿。和那些亲自上战场冲锋陷阵的军人不同，他们的努力通常深藏在秘密中，只有在几年甚至几十年之后，当他们制作和破解的密码除了历史意义以外已经无关紧要之后，才会被揭露。

第一次世界大战——齐默尔曼电报

齐默尔曼电报，是战时运用加密电文的经典实例。就密码分析而言，它可以说是最重要的成功典范；而随后的破译，更是改变了战争的进程。

这封电报是 1917 年 1 月 6 日由德国外交部长亚瑟·齐默尔曼，拍给德国驻墨西哥大使海因里希·范·埃卡尔特的。德国人浑然不知：电文的内容被英国破译团队"40 号办公室"拦截。该小组之名，来自他们在伦敦白厅海军大楼里的位置。该团队组建于第一次世界大战爆发之际，一直是英国破译工作的核心，直到 1919 年英国政府整合海军与陆军部所属秘密机构"国家密码代码学院"成立以后，"40 号办公室"才功成身退。

这封电文以一种名为 0075 的密码加密，它的破译，部分是因为英军缴获来的德军电码本，与该密码的较早版本相关。

1945 年英国皇家空军新兵在培训站前学习摩尔斯电码。

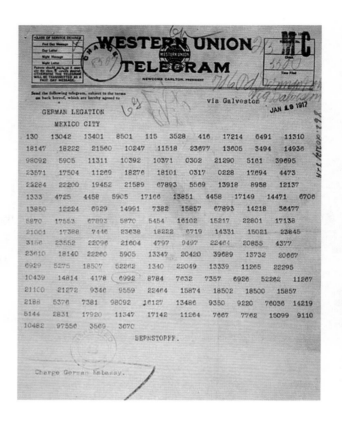

齐默尔曼电报原文

密电译文读取如下：

　　我们计划于 2 月 1 日开始实施无限潜艇战。尽管如此，我们应竭力使美国保持中立。如果计划失败，我们提议与墨西哥在以下基础上结盟：协同作战，共同缔结和平；我们将会向贵国提供慷慨的经济支援；墨西哥也能重新收复在得克萨斯州、新墨西哥州和亚利桑那州的失地。协议书的细节将由你们草拟。一旦与美国开战，请务必把此计划以最高机密告知贵国总统，并建议他主

动邀请日本立即加入，同时在日本与我国之间斡
旋。请转告贵总统：我们强大的潜艇将迫使英国
在几个月内议和。

齐默尔曼

但是，齐默尔曼电报被破译了，英国情报机关却
跟许多密码分析师一样，面临了进退两难的困境。他
们知道，这封电报是颗政治炸弹——公开其内容会促
使美国对德宣战，但揭露时也就等于向德国人表示：
他们的密码已经被破译了。

然而没过多久，这个烫手山芋就被丢出去了。一
位英国情报员，在墨西哥的一家公共电报局发现了这
封电文的另一份抄件，用的却是更早期的德国密码加
密的。电报的内容被转给美国政府，抄件原文刊登在
1917 年 3 月 1 日美国的几家报纸上。美国国会在短短
一个月内向德国与其协约国宣战。

因此，我们可以说：齐默尔曼电报的破译和美国
的参战，加速了第一次世界大战的结束，改变了历史
进程。

第一次世界大战——ADFGX 密码

密码学的有些进步，是将早先的加密技术结合运
用的结果。第一次世界大战中德国所用的 ADFGX 密
码和 ADFGVX 密码，就结合了波利比乌斯方阵（见第

密码分析 |

在这种密码法中，波利比乌斯方阵不用数字 1 到 5，而用字母 ADFG 和 X 组成，并且字母在方阵中随机散落。如此选择字母看来也许有些奇怪，其原因在于这些字符用摩尔斯电码发送时，比较不容易混淆——如果你想把曲解电文的风险降到最低，这一点非常重要。由于方阵只有 25 个格，而字母表中有 26 个字母，那么字母 i 和 j 就可换着用。

表 1

	A	D	F	G	X
A	f	n	w	c	l
D	y	r	h	i/j	v
F	t	a	o	u	d
G	s	g	b	m	z
X	e	x	k	p	q

现在，想象我们要加密如下电文："See you in Leningrad."（我们列宁格勒见。）电文的第一个字母是 s，s 在方阵中出现在以 G 行和 A 列的交点上。因此，字母 s 加密成 GA。相似地，下一个字母 e，加密成 XA。

整条电文就加密如下（忽略空格）：

表 2

S	e	e	y	o	u	i	n	L	e	n	i	n	g	r	a	d
GA	XA	XA	DA	FF	FG	DG	AD	AX	XA	AD	DG	AD	GD	DD	FD	FX

为使破译更难，于是继续在加过密的表 2 第二行字符上进行置换密码加密。比方说，我们选个关键词 Kaiser（德语中的"皇帝"）作为关键密钥。换位加密的进行如表 3 所示，加密字母填写完毕以后还有空格则不填写：

表 3

K	A	I	S	E	R
G	A	X	A	X	A
D	A	F	F	F	G
D	G	A	D	A	X
X	A	A	D	D	G
A	D	G	D	D	D
F	D	F	X		

然后，各纵列按照关键词中的字母顺序重组如下：

表 4

A	E	I	K	R	S
A	X	X	G	A	A
A	F	F	D	G	F
G	A	A	D	X	D
A	D	A	X	G	D
D	D	G	A	D	D
D		F	F		X

然后，再按字母顺序将关键密钥的字母加以排序就有如下密文：

AAGADD XFADD XFAAGF GDDXAF AGXGD AFDDDX

这是条加密电文，在第一次世界大战中会用摩尔斯电码传送。注意：每组字母的长短不一——有些有 6 个字符，有些有 5 个。这些长度不定的字母组会大大增加破解电文的困难。

1 章的讨论）和换位。这两种密码由弗里茨·内伯尔上校发明。ADFGX密码在 1918 年 3 月第一次使用。为了给解码工作增加难度，波利比乌斯方阵和换位密钥都每天一换。英国"40 号办公室"和法国密码局的破译员，锲而不舍地寻找敌方加密法中的漏洞。

破解ADFGX密码：从采矿业到破译密码

乔治·让·潘万，1886 年生于法国南特市，原本不大可能成为破译员。他在一所矿业大学学习，然后在圣艾蒂安和巴黎做大学讲师，讲授古生物学。

乔治·让·潘万

然而，第一次世界大战初期，他和法国第六军的密码员波利耶上尉成了朋友，并很快对波利耶手头的密码工作产生兴趣。波利耶对早期的一种密码有出色的见解，他随后就秘密应邀为密码局提供协助，破解德军密码。

德国人第一次用ADFGX密码，是在第一次世界大战中他们发动最后一次大规模进攻的时候。1918 年 3 月末，德军在法国北部的阿拉斯附近发动攻势，目的是分隔英法联军，并占领亚眠这种重要的战略要地。对协约国来说，破解密码顿时变得至关重要。

关于德国加密电文，最显而易见的特质，是电文只含 5 个重复的字母。这让波利耶和协约国的其他密码分析师相信，德军正在使用的是某种形式的方阵密码。频率分析显示，这种加密方法不是简单的波利比乌斯方阵。

三月攻势过后，德军的信息量剧增，给波利耶提供了第二次突破性进展。他发现，加密电文模式显示同样的词出现在一些电文的开头。由于无论哪一天的电文，都用同样的两个关键词加密；潘万相信，这些重复可能是一种抄袭——即加密电文的真正意义是为人所知的，或是容易猜到的，比方说问候语、称呼或天气状况。

4 月 5 日，潘万终于成功破解 ADFGX 密码。事实上，这个密码看起来难以破解的地方（字母组长度不一），反而帮了潘万的忙。你如果参考表 3，就会注意到：含有 6 个加密字符的纵列都在图表的左边，含有 5 个密码字符的则在右边。

表 3

K	A	I	S	E	R
G	A	X	A	X	A
D	A	F	F	F	G
D	G	A	D	A	X
X	A	A	D	D	G
A	D	G	D	D	D
F	D	F	X		

这极大地减少了潘万不得不尝试的纵列排序的数目。此后，他使用频率分析，看哪个纵列次序所对应的字母频率与德文一般文本的字母常态分布最接近。这可不是小菜一碟。潘万借助18封密电来破译该密码，他连续工作了四天四夜。即使他知道加密方法，破译电文仍然花费不少时间。

6月1日，一个可能非常严重的问题出现了。当时，德国对法国埃纳省发起了新一轮进攻，随后截获的密电开始多了一个字母——V。然而，潘万只用了一天就弄明白了：新的ADFGVX密码，仅仅是用6×6的方阵做初始加密，在方阵里填入罗马字母的26个字母和数字0到9。

在潘万面对的诸多困难中最困难的也许在于：直到战争结束时，只有10个ADFGX和ADFGVX密码的密钥被发现。大战结束后，潘万返回采矿业，随之而来的是成功的业界生涯。与许多密码分析英雄一样，他的贡献直到很久以后才被公之于众。1933年，他荣获法国荣誉军团军官勋章；1973年，在他逝世7年之前，更荣获"大军官"勋章。

第二次世界大战——英格玛密码机和布莱切利园

英格玛密码机的故事，以及它在第二次世界大战中所扮演的角色，已经是破译史上最广为人知的故

事，不过这种密码机的完整史实在战后几十年才为人所知。

在两次世界大战之间，接替英国政府"40号办公室"的国家密码代码学院，其密码破译员练习破译来自世界各国的外交和商业信息，尤其是苏联、西班牙和美国的信息。随着战争临近，学院的工作重心转向德国、意大利和日本等国，更多人被该机构招募进来。布莱切利园，战时居民更多地称其为B.P.，是伦敦西北方向50英里处的一所小型宅邸。它于1938年由英国情报机构军情六处购得，作为急速扩张的国家密码代码学院的总部，并以"X电台"作为掩护。

英格兰布莱切利园，第二次世界大战期间英国密码破译总部。

工作中的破译员，1943年摄于布莱切利园第6棚机械室。

随着第二次世界大战临近，在布莱切利园工作的186位雇员中，有50人专门进行加密而非解密工作。

随着战争肆虐欧洲，德国人及其盟友发出的电文数量成倍增长。再加上每家军事机构用不同型号的英格玛密码机加密电文，使实际状况愈加复杂，这给布莱切利园的工作人员带来了巨大的工作量。

在英国首相温斯顿·丘吉尔的命令下，在布莱切利园从事信息破译的破译员数量增加了。这些男男女女大多是数学家和语言学家，他们中的许多人来自牛津和剑桥——布莱切利园在这两个城市中间，选址绝佳。1943年，美国参战以后，美国破译员也加入了英国破译机构的行列。到 1945 年 5 月，布莱切利园有雇员近 9000 人，此外还有在别处从事相关事务的 2500 名相关人员。

雇员人数的迅速增加，意味着布莱切利园必须建造更多的工作空间，因此棚屋和其他建筑纷纷出现了，并以数字或字母进行命名，每栋建筑都有不同的功用。例如，第 8 棚的密码分析师，专门处理德国海军的英格玛密码。第 6 棚重在破解德国陆军与空军的英格玛密码。在 E 大楼，破解并翻译好的英格玛电文被重新加密送给同盟国的军事首脑。

第二次世界大战期间，在布莱切利园操作英格玛密码机的情形。

波兰人如何破解英格玛密码

波兰人对破解英格玛密码机的贡献是奠基性的，早在 1932 年就开始了。年轻的波兰密码学家三人组站在这项工作的最前线——数学家马里安·雷耶夫斯基、杰尔兹·罗佐基和亨里克·佐加尔斯基。

起先，以英格玛密码机在一开始输入时就被连续以转盘设定编码了两次。密码转盘的用户手册可能说，在每月的第四日，这些转盘应该设置为字母A、X和N为起始。操作员便会以AXNAXN这 6 个字符开始一条电文，接下来才是电文的主体。

然而，光是复杂的数学学理是不够的。为了利用这些理论，他们需要建立起卡片式目录，列出所有转盘配置超过 100 000 种可能的排列。在那个没有计算机帮助的年代，这是一项非常艰巨的任务。

波兰破译员也利用两台英格玛密码机转盘造了一台名为"计转器"的装置，利用它更迅速地生成排列方式。

计转器被用来制作一份目录，按目录列的是 17 576 个转盘位置，按首字母记录下每一特定转盘序列的循环长度和数目。既然可能的顺序有 6 种，那么"首字母目录"或称"卡片目录"就含有总共 6 × 17 576 = 105 456 个条目。

雷耶夫斯基写到，准备这个目录"很费力，花了一年多的时间。但是，等到目录准备好了……可以在 15 分钟内获得每天的密钥。"

密码分析 |

　　波兰人发现,他们可以利用群论这种纯数学理论的特点来破解英格玛密码。他们意识到,对于任意给定的英格玛密码机的配置来说,输入的任一字母都会加密成另一个字母。因为密码机的操作是可逆的,所以加密信息就会被当成原始信息进行加密。正是这个发现,为波兰人提供了一条深入了解英格玛的途径。

　　我们可以写出在一种设置下英格玛密码机用群论标记法调换字符的方式:

ABCDEFGHIJKLMNOPQRSTUVWXYZ
JRUXAWNSFQYTBHMDEVGILPKZCO

　　这幅简图意味着,当上行字母被输入英格玛密码机时,下行对应字母的显示灯就会亮起来。例如,当你按下 A 字母键,J 字符灯就会亮起来;当你按下 T 字母键,I 字符灯就会亮起来。这又可以简化成一些字母循环。

　　注意到 A 如何调换成 J,J 调换成 Q,Q 调换成 E,E 换回我们的起始字母 A。这样的循环可以被写成(A J Q E)。

　　还有其他三个循环:

(G N H S)
(B R V P D X Z O M)
(C U L T I F W K Y)

　　波兰密码学家意识到,这些循环总是以相等的长度成对地发生;就我们举的例子而言,两对循环有 4 个字母,两对有 9 个字母。这样的发现减少了解密所需的人工工作量。

　　他们还发现,字母对的插接方式不影响群论的基础。如果字母以插接方式换位,这些循环的个数和长度保持不变。雷耶夫斯基当时的一篇论文提到,他们设法获得了这些插接设置方式,不过并没有交代到底是怎么拿到的。

特定代码

英格玛密码机

亚瑟·谢尔比乌斯博士，一位住在柏林的工程师，他在 1920 年代开发了第一台英格玛密码机，作为加密商业信息的手段。三年后，德国政府选用了该机器，并做了重大改造，以改善其保密性。

英格玛密码机是一款便携式加密机，与台式电脑的处理器差不多大。机器前面的键盘用于输入电文。键盘上方是 26 盏小灯，每一盏表示字母表中的一个字母。按一个键，就亮起一盏灯，表示密文中字母需要被什么别的字母替代。此后，这些字母被第二个操作员记下，然后他们用摩尔斯电码发送加密电文。收信人获

得这些电文，把它们输入自己的英格玛密码机，取得原始电文。收信人的密码机设定成与发信人的相同。然而，窃听者也可能获得这些加密的无线电信息，而这正是同盟国通过一系列无线电情报站进行侦听的做法。即使窃听者有自己的英格玛密码机，也需要设置成与发信人相同的方式，才能解密电文。而英格玛密码机的内部复杂性使这一点非常难以达成。

在原始版密码机的内部，有三个旋转盘。每个转盘表面有一系列内部线路和电触头，这样，转盘的每个不同位置都会引起键盘的键和灯之间不同的电气连接。按一个键，最右面的转盘就旋转一个字符，与汽车里的里程计原理相似。26 次旋转后，中间的转盘就会开始旋转，每次旋转一个字符。这个转盘旋转 26 次，最左面的转盘就会开始旋转。这些"翻转"，是由转盘环中的凹槽带动的。然而，为了增加加密的复杂度，操作员能设置每个环上的凹槽，使其指向 26 个不同的位置。

这或许意味着，中间的转盘可能在输入 10 个字符以后才开始转动，此后则每经过 26 次旋转后转动。

转盘末端的反射器意味着，信号通过三个转盘返回的路径与原发送路径有所差异。

虽然这些因素使密码机可能的设置数大得不可思议；这且不说，加密的复杂度又因为机器前面的插接板而大幅提高。有了这个插接板，操作员可以在标了字母的插孔之间插入接线，借此互换特定字母对的位置（后来也用德文"stecker"来称呼这些插孔）。

英格玛密码机的转盘。右边的绿色电线建立了键盘与显示器间的电气连接。在键盘上输入，每个字母对应的密码字母在显示器上会变亮。

根据弗兰克·卡特和约翰·加里－霍克的说法，在密码进程的开始，设置密码机有158 000 000 000 000 000 000种不同的可能方式。难怪德国人对这种密码机的保密能力非常有自信。

大家通常以为：英国和美国的解码员，直到开战之前才接触到英格玛密码机。但事实上，他们早在1926年就有了一台谢尔比乌斯商业机，由国家密码代码学院的成员迪利·诺克斯在维也纳购得。而且随后显示，商用英格玛密码机的专利在1920年代就已经向英国专利局提出申请。

给密码加密

1938 年，德国人改变了英格玛密码机的操作方式。操作员不再使用手册中的转盘常用起始位置，而是选择他自己的设置，而且这种起始设置做不加密传送。比方说，电文可能像从前一样以 AXN 作为起始字串。不过操作员会想出一个不同的转盘起始设置，并以此来加密电文本身，比如说 HVO。然后，他会把这个输进英格玛密码机两次——HVOHVO。然而，因为密码机已经设置成以 AXN 起始，所以密码机会把 HVOHVO 加密成完全不同的字串——比如 EYMEHY。很重要的一点是：在这个加密字串里没有重复的字符，因为每输入一个字符，转盘就向前移动一个位置。因此，操作员发送的电文，会开始于 AXNEYMEHY，接下来就是用 HVO 转盘设定进行加密的原始信息了。

接到这条电文，接收人会马上明白，他应该将他的转盘设定为以 AXN 为起始字串。而后，输进 EYMEHY，他就会得到 HVOHVO，那么他就会知道把转盘再设置到 HVO 的位置，余下的电文就会随着他的输入而被解译出来。

这种新的复杂化方法使波兰人开发的目录法失效。在投入大量时间和资源后面临这样的境地，这肯定是令人崩溃的体验。然而，他们很快发现了另一种方法，而且还是利用数学上的群论。

在以上我们关于转盘设置方式的例子中，你会注

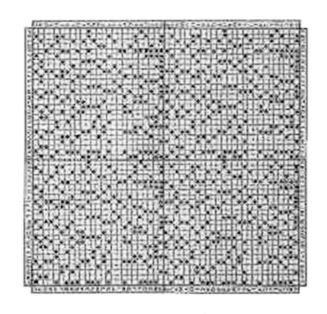

佐加尔斯基纸卡

意到，电文设定被加密成EYMEHY，其中第一和第四个字符是相同的，都是字母E。雷耶夫斯基和他的同伴注意到，在第一个和第四个位置上的单个字符的重复状态发生频率相当高（在第二个和第五个位置及第三个和第六个位置也有同样的情形）。出现这种情况的例子，我们称作"阴性字母"。

这些波兰专家造了6台称作"炸弹"的机器，每一台由3个英格玛密码机转盘组成，它们机械上耦合在一起，寻找产生阴性字母的转盘设置。他们造了6台机器，这样一来，转盘所有可能的顺序可以被同时检测——即AXN、ANX、NAX、NXA、XAN和XNA。

然而，以这种方式使用"炸弹"，依赖于密码字母不能与插头插接方式有关。而最初只有3个字母对受插头插接方式控制，但是后来德国人把插接字母增加到 10 对。所以，佐加尔斯基想出了一个利用带孔的硬纸板的替代方法。

制作这些"佐加尔斯基纸卡"的过程非常耗时，因为所需纸卡的量很大，而那些孔——每张纸动辄上千——是利用刀片手工制作的。

制作出的纸卡共有 26 张，每张分别代表英格玛密码机左侧转盘的一种可能的起始位置。每张纸卡上都会有一个 26×26 的网格，从上到下、从左到右都用字母 A 到 Z 做了标记。左边的字母代表中间转盘的起始位置，而顶行字母代表右侧转盘最初的起始位置。

我们知道，以 AXNEYMEHY 开始的电文是阴性字组，其中电文设置的第一个和第四个字符是相同的。这意味着，在代表左方转盘位置为字母 A 的佐加尔斯基纸卡上，X 打头的行和以 N 打头的列的交点上会被打一个洞。

如果同一个操作员在同一天发送了其他电文，在那些电文设置中也含有阴性字组的话，那么我们就可以开始把纸卡叠在一起，使这些纸卡上的方阵重叠妥善。当我们拿起这叠纸卡并朝着光源看的时候，只有那些钻孔重合的地方（光线透过来），才是当天可能的设置。在这摞纸卡上每加上一张，可能的初始设置就愈发减少。若能获得足够多格式正确的电文，那么初始设置就可能最终被推断出来。

1938 年 12 月，德国人把一种新花招引入该系统，这个方法居然也变得不管用了。德国的报务员不再使用三个转盘的组合，而是从一套五个中任选三个转盘。这使转盘设置的个数增加了十倍，制作必需的纸卡这一任务超出了破译员的人力。

事情很快就使波兰人措手不及。兵临城下之际，波兰人意识到他们需要与他国合作才行。在德国准备入侵的当下，波兰政府终于把他们制造的军用英格玛密码机的复制品，提供给了英国国家密码代码学院和法国情报机关。

英格玛密码机的破解

为了解密电文，收报人（和任何截获者）需要知道：是哪三个转盘被选中，以及它们在密码机中的位置；"翻转"凹槽设置在哪儿；每个转盘的起始设置是什么（这些设置由右上角小窗所显示的字母来指示）；以及哪几个字母被插接置换。

正是插头对数量的增加，给布莱切利园的破译员们带来了最大的挑战。对于每个转盘设置来说，有 2 500 000 000 000 000 000 种可能的接线板设置。这项看起来不可能的任务，被

阿兰·图灵（1912—1954年），发明了一种破解德国密码的技术，其中包括能找出英格玛密码机设置的"甜点密码机"。

用来破解英格玛密码机设置的"甜点密码机"。

一种电子装置的发明弄得简单了许多。他们将这种装置称作"甜点"（bombe），由剑桥数学家阿兰·图灵和戈登·韦尔士曼构想出来。这个装置的英文名字叫人想起波兰语的"炸弹"（bomba），但实际上它们是一种完全不同的设备。

对这种方法来说，能够在密文中找到重复字串的部分是非常重要的一点。试想，书信的书写是很讲究格式的。例如，当你给某人写信时，你经常以"亲爱的先生/女士"开头，以"您忠实的"之类的套语结尾。尽管德语书信的词语架构不同，这也是许多德国战时电文中常常出现的固定的格式。电文可能经常以词语"机密"开头，而来自舰艇的电文经常包含天气和舰艇位置。有个报务员特别喜欢用IST（相当于英语"is"）作为设置方式。在意大利巴里的另一个报务员，常用他女朋友的名字首字母作为转盘的起始位置。因此，破解英格玛密码机的工作，除了是一种技术性工作以外，同样也强调人性的弱点。

在密文中找到这种重复字串的正确位置并不是件容易的事——某些英格玛密码机操作员会在这些重复字句或词汇的前面加上哑字符以混淆视听。

"图灵甜点"的设计能够使报务员做到：对于给定的输入字母，为近 18 000 种可能的转盘设置方式同时测试 26 种可能的插接配对。在快速浏览这些设置的过程中，如果它遇到可能与重复字串对应的一系列设置，就会停下。之后，就可以手工进行频率分析，以检测这些转盘设置是否正确。如果字母的频率与一般德文文本大致相符，那么则建议采用其他插头配对。最终，凭借这些努力与运气，他们会得出用于

"图灵甜点"

1944 年 6 月 6 日同盟军在诺曼底海滩登陆的景象。

当天电文的原始信息设置，尽管这种成功破解的状况也不是每天都发生。

布莱切利园所用的一种有趣的技巧，被称为"造园"。这是指诱使德军把已知词语用到他们的电文中。例如，如果某区域已经除雷，布莱切利园的破译员会要求军队在该区域重新布雷，希望德国人把词语"地雷"用到出自那一区域的电文中。

布莱切利园 1940 年 1 月 20 日破解了第一条英格玛密码电文；但是，至关重要的是，同盟国现在能够读懂英格玛加密的许多电文，却不让德国人知道。为

特定代码

隐形墨水和间谍活动的其他工具

1942 年 6 月 13 日午夜过后大约 10 分钟，四名男子乘坐德国 U 型潜水艇在纽约长岛上岸，目的是破坏美国设备与供给的生产，震慑美国民众。

四人携带 175 200 美元的现金，以及足够两年活动的炸药。但是，48 小时之内，他们的行动就失败了。6 月 14 日傍晚，该小组的领导人乔治·约翰·达施害怕了，给位于纽约的联邦调查局打了通电话自首。

几天内，他就被逮捕，彻底受审。联邦调

德国间谍欧内斯特·博格，因为下属向联邦调查局自首后被捕。

查局探员仔细检查了达施的物品，发现了一条手帕，用氨气测试之。测试揭示手帕上有用硫酸铜化合物书写的隐形文字，达施在美国的各个联络人、住址与联络方式，以及在佛罗里达登陆的另一组破坏人员。阴谋被揭穿，达施和另一个名叫欧内斯特·博格的间谍，是八人中仅有的没在次月被处死刑者。

就像纳粹派来的破坏人员，历史上的间谍们也会利用隐形墨水和其他形式的隐写术来隐瞒信息。对这些隐姓埋名地工作的间谍来说，用密码术隐藏信息意义是不够的——他们需要连信息存在本身这个事实都要隐藏起来。

其中有一种技巧就是利用一叠卡片。这叠卡片按协议好的顺序排列，信息写在这叠卡片的边上。一旦洗牌，这副牌边上的标记就被隐藏起来，直到理想的收信人重新将卡片排列好，才会再度显露出来。

在古希腊，战术家埃涅阿斯也提到一种技巧，在一本书或一封信的上方或下方打上许许多多的小洞，以此来传递信息——即使到了 20 世纪，战争中仍有人采用类似的方法。

另一种在狭小空间中隐藏大量秘密信息的方法，传闻是由德国人在第二次世界大战中开发的。

这种方法称作微点照片，是将影像（例如一份秘密文档）照下来，再缩小到打印机打印出来的句号那么大小。经过这样的微点处理，

1942 年，德国潜艇驶离美国海岸。

就能够隐藏在通过普通渠道送出的书信或者电报中。之后预定的收信人就可以用显微镜读取这个微点的内容。

当今，隐写术已经进入数码领域。含有大量数据的数码照片和音频文件，都已经用于隐藏信息。只要稍加修改文件的二进制代码就可以神不知鬼不觉地把数据嵌入其中而不被注意。

> **怎么制作隐形墨水**
>
> 许多材料都可以用来制造隐形墨水，有些材料甚至可以就近在家里找到。最简单的是橘子汁、洋葱汁，或者牛奶。你可以利用画笔、笔尖，甚至手指蘸点汁在纸上写，就可以写下隐形信息了。这些墨水在灯泡或者熨斗上一烤就可见了。就柠檬汁而言，这是因为吸收酸性液体的纸，与纸的其余部分相比，在遇到热源时会更快变成褐色。
>
> 另一种很简单就能得到的隐形墨水是醋，紫甘蓝汁能让它显现出来。许多其他化学物质也可以，例如硫酸铜、硫酸铁和氨等。
>
> 用隐形墨水书写时，用普通的圆珠笔在这张纸上写条假信息是个好主意，因为空白信纸看起来可能会可疑。

了掩饰布莱切利园的存在与它的成就，英国政府虚构了一名代号博尼法斯的间谍，以及在德国活动的特工网。因此，英军的许多分部都会收到电文，表示博尼法斯或者他的一名在德国的间谍，偷听到德国高层军官间的谈话，或者在垃圾桶里找到了机密文件。用这种方式，即使消息走漏给德军，他们也不会意识到他们的无线信号已被窃听。

到第二次世界大战末期，布莱切利园团队已经破解了超过 250 万份英格玛密码电文，为同盟国的胜利做出了卓越贡献。当然，诺曼底登陆将更加艰难，如果无法破解德国电文的话。布莱切利园的破译员读取英格玛密码电文的能力，极有可能是缩短了战争的主要原因之一。

希特勒的密码

德军之间的秘密信息大多是以英格玛密码的各种版本变化来加密的。然而，有些信息——主要是希特勒传给他的将军们的那些信息——机密性太高，即使是对这种假定中相当安全的加密方式也不叫他放心。

利用有别于英格玛密码机的方法进行加密的一些电文，在 1940 年首次被截获。布莱切利园的破译员们为用这种方式加密信息起了个一般的绰号"鱼"。

稍后发现，这些信息是一种比便携式英格玛密码机大得多的机器进行加密的。洛仑兹密码机用了 12 个转盘，因此与英格玛密码机相比，复杂到几乎难以想象的地步。当然，布莱切利园的破译员们意识到该

机器的唯一途径，就是通过它炮制的加密电文。他们给这种没见过的机器起绰号叫"金枪鱼"。在后来的战争中，德国人使用的其他密码机也都被起了鱼类的绰号，比如"鲟鱼"。

洛仑兹机的复杂度，在于 12 个转盘产生的附加字母的随机。如同在英格玛密码机中一样，洛仑兹机的转盘根据每个字母而旋转。其中 5 个转盘的转动方式是固定的，还有 5 个则根据两个齿轮的设置而旋转。因此，破解鱼密文的关键取决于找到转盘正确的初始设置。

布莱切利园的破译员们设法推算出"金枪鱼"是如何构造的，而这一切得感谢一位德国密码发报员

（对页及上图）巨像机，世界上第一台可编程计算机。

第 4 章　毅力

在 1941 年 8 月犯的一个错误。这名发报员发出一条很长的电文，但在发报过程中有所损坏。这名发报员用同样的密钥重发了一遍，但是缩写了几个词。这两条电文都被同盟国的监听站拦截了，并转发给布莱切利园。这使同盟国密码分析师能借此推算出洛仑兹的基本设计，并建了一台模拟机"希斯·罗宾逊"，取了当时一位以画不实用的发明而闻名的漫画家的名字。不幸的是，事实证明这台模拟机太慢太不可靠，而且需要花好几天时间才破解一则电文。

模拟机的部分问题，是让两条打过孔的纸带一直高速同步运动。布莱切利园的阿兰·图灵曾经与一位名叫汤米·弗劳尔斯的年轻电信工程师共过事，当时他们正在为破译英格玛密码机建构图灵甜点；因此遇上劳仑兹密码机时，图灵再次请他帮忙。弗劳尔斯建议建造一台机器，以一系列作用等同于数字开关的电子管代替其中的一条纸带，借此解决同步的问题。

这台机器的建造总共耗费了 10 个月的时间，使用了 1500 个电子管。1943 年 12 月，第一台机器在布莱切利园组装运行。机器名叫巨像，是世界上第一台可编程计算机。它有一个房间大，重一吨。但电子管技术意味着，"巨像"可以在几小时内而不是几天内破解经洛仑兹加密的电文。它通过比较两组数据流来工作，根据一种可编程的功能计算出每个相符的设定。改良后的巨像马克二号在 1944 年 6 月组装完成；战争快结束时，共有 10 台电子管数更高的巨像计算机在布莱切利园服役。

洛仑兹机名字中的 SZ 代表"Schlüsselzusatz"，有附加密钥的意思，这也是密码机加密文本的基础。这种密码机所使用的字母，是由二进制 0 和 1 组成的长度为 5 个字符的字符串。例如，字母 A 是 11000，而 L 是 01001。

每个字母的加密方式是，把它的二进制代号与另一个利用异或（XOR）运算来选取的字母相搭配。对个别二进制数字而言，这种异或运算有如下属性：

0×OR 0=0

0×OR 1=1

1×OR 0=1

1×OR 1=0

所以，如果字母 A 和 L 结合起来，结果如下：

A=　　　　　11000

L=　　　　　01001

×OR　　　　10001

现在，由于 10001 是字母 Z 的代号，所以在这种情况中，洛仑兹机就把 A 加密成 Z。

电文的接收人会以同样的方式推回去。

　　　　　　Z=1 0 0 0 1

　　　　　　L=0 1 0 0 1

×OR　　　　 1 1 0 0 0

这返回到一开始字母 A 的二进制代码。

特定代码

紫密码机和珍珠港

日本的紫密码机

第二次世界大战期间，日本也加密电文。日本人于 1938 年开始使用一种机器，被称作"97 式拉丁文印字机"，替高层外交电文加密。这种机器以拉丁字母（跟英文字母一样）为输入方式，不接受日文的片假名字符。美国破译员按照用颜色命名日本密码的传统将这种机器制造的密码称为"紫"。

紫密码机与英格玛密码机不同的地方，在于紫密码机不用转盘，而是使用类似于电话总机的步进式交换器。每个交换器有 25 个位置；每受到一个电子脉冲冲激，交换器就移到下一个位置。

在机器内部，字母表被分为两组：一组有 6 个字母（元音字母加字母 Y），一组有 20 个字母（辅音字母）。元音字母组有一个交换器，每输入一个字母就会移动一位。然而，对辅音字母来说，有三个相连的 25 位交换器，运转方式像汽车的里程表一样。

日本人对紫密码机的态度就像德国人对英格玛密码机一样，他们深信紫密码是不可破解的。然而，由威廉·弗里德曼和密码分析师弗兰克·罗利特领导的美国陆军信号情报处，却成功破解了紫密码。

破解紫密码的最大功劳，也许该归在该处的里奥·罗森身上，因为他成功制造了这台日本机的复制品。令人惊讶的是，战争结束时，人们在柏林日本大使馆发现了一台紫密码机的残片：罗森竟然在复制品中用了完全一样的步进式交换器——这样的猜测确实十分鼓舞人心。

用这台复制品以及针对其密钥而进行的破译工作，到 1940 年年底，信号情报处已破解大量用紫密码电文。破解紫密码所用的密码分析技巧，与英格玛密码的破解方式非常相似。经常重复出现的称呼和结束语被用作关键字；由于出错而被传送了不止一次的电文，则用于破解这种"不可破解的"密码。

破解紫密码的基础并不意味着每条电文马上就可读——电文的密钥没被发现，所以尽管"信情处"因为这个重大突破性进展而获得源源不断的情报，但它们充其量仍旧是零散且不完整的。还有一个问题，从读取加密电文中取

1941 年 12 月 7 日，日本袭击珍珠港。

得的情报如何发送出去。因为涉及必要的保密性，许多收到情报的人无法判别出情报的价值。

在美国加入第二次世界大战前，美国和日本早已展开经济大战，争夺太平洋地区的经济优势。一些已被破解的电文能让美国政府了解到日本是如何通过外交渠道明修栈道暗度陈仓的。然而，很多破译专家相信：美方因有能力读取紫密码电文而自鸣得意，但仅仅几年之后，这种沾沾自喜便灰飞烟灭了。

1941 年 12 月 7 日，美方拦截并破译了一条从日本大使馆发出的紫密码电文，内容中提及与美国断绝外交关系。但是，信息没有及时到达美国国务院，以至于他们没有意识到这与接下来的珍珠港事件有关。然而，电文中没有特别提及任何有关偷袭的字眼，所以无论如何，美方也不大可能及时采取什么应变措施。

纳瓦霍密语者

第二次世界大战中美军和日军之间在太平洋地区发动的残酷战争，也是一场高风险的密码战争。

对日本方面来说，日军已经培养了一批训练有素的说流利英语的士兵，可以利用他们来拦截通信和破解美军的电文。美军有它自己复杂的密码系统可供使用，如由信号情报处的弗兰克·罗利特开发的SIGABA密码机。

1943 年 12 月，在所罗门群岛的布干维尔岛前线后方，纳瓦霍海军通信员正在操作便携式无线电。

SIGABA密码机，也叫"第二代电动密码机"，不用英格玛密码机和紫密码机里的单级转盘和交换动作，因为这使得生成的密文较为容易破解。SIGABA使用打孔纸带来有效地随机选择转盘在字母输入后前进多少，使窃听者更难破解。人们普遍相信，当SIGABA密码机服役期间，没有人能成功破解它所加密的电文。

SIGABA的缺点是造价昂贵、体积庞大又操作复杂，以及在野外作战中无法充分发挥功能。战争中，时间上的延误可能会坏事。例如，在瓜达康纳尔岛之战中，军事首脑就曾抱怨说，因为机器脆弱，在解密时也慢，常常花两个多小时来发送和解码电文。美军希望能使用一个更快的系统——到了1942年年初，第一次世界大战退伍军人菲利普·约翰斯顿，一位当时居住在加利福尼亚的工程师，想出了一个绝妙的解决方案。

约翰斯顿是传教士之子，从4岁起就随父亲在印第安部落和纳瓦霍人住在一起。这样的成长经历意味着，他是极少数能流利地讲纳瓦霍语的非纳瓦霍人之一。1942年，在读了一篇关于参加第二次世界大战的美洲原住民的新闻报道以后，他有了个想法：可以运用这种费解得令人生厌的语言，来迅速发送安全信息——从一个纳瓦霍通信兵传给另一个通信兵。

几天内，约翰斯顿向埃利奥特营的军事通信官琼斯少校提出了这个想法。他们在2月28日进行了一场实际演练，显示两个纳瓦霍人可以在20秒内加密、传送、解密一条长达三行的电文——而当时的密码机需要30分钟才能做到。

受训的纳瓦霍人帮忙编译词库，他们倾向于选择描述自然界的词语来指示特定军事术语。因此，鸟类的名字就被用来称呼各种类型的飞机，鱼类名称则用以代替船舰词汇。

军方很快征募到29名纳瓦霍人来负责这项任务，而他们也马上开始制作第一份纳瓦霍密码。

纳瓦霍密码

真正的词语	密语	纳瓦霍译文
歼击机	蜂鸟	Da-he-tih-hi
侦察机	猫头鹰	Ne-as-jah Torpedo
飞机	燕子	Tas-chizzie
轰炸机	秃鹰	Jay-sho
俯冲轰炸机	苍鹰	Gini
炸弹	鸡蛋	A-ye-shi
水路两栖车	青蛙	Chal
主力舰	鲸鱼	Lo-tso
驱逐舰	鲨鱼	Ca-lo
潜艇	铁鱼	Besh-lo

　　完整的词库含有 274 个词语，但在翻译词汇表以外的词语或者人名、地名时仍有问题。解决方案是，想出一套密码字母表，来拼出困难词汇。例如，词语"海军"可以翻译成纳瓦霍语的 "nesh-chee（nut 坚果）wol-la-chee（ant 蚂蚁）a-keh-di-glin（victor 胜利者）tsah-as-zih（yucca 丝兰）"。每个字母也存在几个变种。纳瓦霍词语 "wol-la-chee"（ant 蚂蚁），"be-la-sana"（apple 苹果），and "tse-nill"（axe 斧头），都

代表字母"a"。下面的表格举例说明代表每个字母的
纳瓦霍词汇。

	英语词	纳瓦霍语词		英语词	纳瓦霍语词
A	Ant 蚂蚁	Wol-la-chee	N	Nut 坚果	Nesh-chee
B	Bear 熊	Shush	O	Owl 猫头鹰	Ne-ahs-jsh
C	Cat 猫	Moasi	P	Pig 猪	Bi-sodih
D	Deer 鹿	Be	Q	Quiver 箭袋	Ca-yeilth
E	Elk 麋鹿	Dzeh	R	Rabbit 兔子	Gah
F	Fox 狐狸	Ma-e	S	Sheep 绵羊	Dibeh
G	Goat 山羊	Klizzie	T	Turkey 火鸡	Than-zie
H	Horse 马	Lin	U	Ute 犹他人	No-da-ih
I	Ice 冰	Tkin	V	Victor 胜利者	A-keh-di-glin
J	Jackass 公驴	Tkele-cho-gi	W	Weasel 鼬	Gloe-ih
K	Kid 小孩	Klizzie-yazzi	X	Cross 十字形	Al-an-as-dzoh
L	Lamb 羊羔	Dibeh-yazzi	Y	Yucca 丝兰	Tsah-as-zih
M	Mouse 老鼠	Na-as-tso-si	Z	Zinc 锌	Besh-do-gliz

纳瓦霍密码

培训完毕，密语者接受测试并轻易通过了试验。他们将一系列电文一字不差地译成纳瓦霍语，通过无线电传送，再译回英文，每个人都把这些词汇背得滚瓜烂熟。

之后，他们请著名的海军情报处破解该密码，但是三周后，他们仍对这种密码束手无策。纳瓦霍语是一种"一连串以喉音、鼻音和绕口令般的奇怪声音"，他们说，"我们甚至无法抄录它，更别提破解了。"

人们认为纳瓦霍密码是一种成功的密码。1942 年 8 月，由 27 位密语者组成的小组在瓜达康纳尔岛登陆，美国及其盟军在此展开了一场艰苦卓绝的对日战役。他们是 420 位纳瓦霍密语者中的第一批，他们参与了 1942 年至 1945 年间美国海军陆战队的每一次攻击，地理区域横跨关岛、硫磺岛、冲绳岛、贝里琉岛、塞班岛、布干维尔岛以及塔拉瓦岛。

纳瓦霍通信兵扮演了至关重要的角色。在硫磺岛，海军第五陆战师通信官霍华德·康纳少校麾下的 6 名纳瓦霍通信员，在开战的最初两天夜以继日不停地工作。接发 800 多条电文，没有丁点儿错。康纳少校宣称："如果不是纳瓦霍人，海军绝不可能拿下硫磺岛。"

事实上，日本破译员一直无法破解纳瓦霍密码。

战争结束时，日本情报部门头子有末精三中将承认，虽然日军破解了美国空军密码，但是他们对纳瓦霍密码的破解一直止步不前。

纳瓦霍密语者的故事现在已经传遍全世界。但是为了美国国家安全利益考虑，直到 1968 年，纳瓦霍密语者和他们的密码一直处于保密状态。终于，在 1982 年，美国政府公开表扬了这群英雄并将 8 月 14 日命名为"国家纳瓦霍密语者日"。最初服役的纳瓦霍密语者接受了国会金质奖章，后来的密语者接受了国会银质奖章。

冷战密码战

冷战的开端在第二次世界大战中就已经浮现，尽管美国和苏联还是同盟国。

1943 年早期，美国信号情报处制订了一个监视苏联对外交流的秘密计划，基地在弗吉尼亚州的阿灵顿庄园。该计划名为薇诺娜，是由一名前学校教师吉恩·格拉比尔小姐启动的。战争结束后，语言学家梅雷迪斯·加德纳也加入了薇诺娜计划。他在战时研究过德日密码，在接下来的 27 年中更是薇诺娜的首席翻译员和分析师。

显然，由薇诺娜经手的每条电文，都用 5 个不同系统中的一个加密，加密方式完全取决于电文的发送者。苏联国家安全委员会，苏军总参谋部情报局，苏联海军情报处，外交官和商务代表，各自都使用一种不同的系统。

原为考古学家的理查德·哈洛克中尉，是破解苏联贸易代表密码电文的第一人。接下来的一年，另一名密码分析师塞西尔·菲利普，对克格勃电文所使用的密码系统有了重大突破。不过他们又花两年时间来做紧张的密码分析，才能真正读解这些电文。

苏联所用的所有密码系统都涉及双重加密的性质。第一重加密通常是用密码本中的一系列数字替换词语和短语。

为进一步弄乱电文，加密者还会从印好的密码本上随机取数字加到电文中，这个密码本发报员和收报

1944 年 12 月 23 日，第二次世界大战期间在太平洋硫磺岛上空飞行的 B24 解放者轰炸机。

员各有一本。如果苏联人正确地使用这些一次性密码本——仅用一次，而不是反复使用好几次——电文可能永远不为人知。但事实是，一些一次性密码本常会有副本，而这些副本又落到同盟国成员手里，为阿灵顿庄园的密码分析师提供了一条进入克格勃电文的门径。

1946 年年底，薇诺娜密码分析师破译了一条电文，电文列出从事曼哈顿原子弹计划的科学家的名字。许多人相信，这条信息和其他关于原子弹的消息，让苏联能比原来计划还迅速且更少投入地研发出他们自己的武器——这是两个超级大国间关系急剧进入冰冻期的关键。

薇诺娜经手的电文超过 3000 条，每一则都有各自的代码以隐藏苏联间谍的身份，以及其他相关人士和地点，比如：

代称	真实名字
大尉	罗斯福总统
巴比伦	旧金山
兵工厂	美国陆军部
银行	美国国务院
庞然大物	曼哈顿计划/原子弹

从薇诺娜计划电文中揭露出来的很多东西，为美国政府提供了相当多有关苏联克格勃间谍情报的技术——在间谍及反间谍活动中所用的实用方法，例如窃听装置的运用。

朱利叶斯·罗森伯格是因薇诺娜计划而暴露身

大卫·格林格拉斯（左）和朱利叶斯·罗森伯格（右）抵达法庭，因参与苏联间谍组织而准备接受审判。

份的苏联特工之一，他和妻子埃塞尔都因为危害美国国家安全而被判间谍罪，并于 1953 年在美国被处决。他们的定罪和死刑一直颇有争议。这对夫妇被定罪，证据来自埃塞尔的弟弟大卫·格林格拉斯。他在洛斯阿拉莫斯实验室工作，他说他把机密资料交给他的姐姐和姐夫，再由他们交给了苏联政府。在薇诺娜电文中，格林格拉斯的代号是"弹径"。

然而，许多人认为格林格拉斯的证据不足采信，并且质疑埃塞尔·罗森伯格的涉案程度。事实上，当薇诺娜电文在 1995 年终于公之于众以后，其中并没提供埃塞尔牵连其中的电文，尽管电文确实揭露了朱利叶斯参与其中，代号为"天线"和"自由派"。

位于马里兰州乔治米德堡
的美国国家安全局

1952 年，美国国家安全局（NSA）建立。该机构
由总统哈利·杜鲁门建立，他将各军种的密码机构
集合起来。一开始，它的总部要设在以黄金储备闻
名的肯塔基州诺克斯堡，不过最后还是决定
将它设在马里兰州的米德堡，直到今天。

1950 年代，由于叛逃者日渐增
加，美国的密码学家退居幕后，将舞
台让给现在的情报单位。然而，薇
诺娜计划一直持续不断地研究战时消
息，直到 1980 年才告终。在 1960 年
代和 1970 年代，许多苏联间谍都是因为
薇诺娜计划才被揭发。由薇诺娜计划经手
的 3000 则电文一直到 1995 年才公之于众，披露了密
码分析师在冷战时期所扮演的角色。

美国国家安全局的徽标

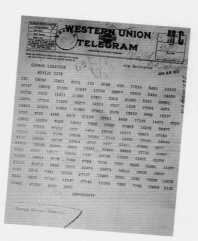

اللهم، ... بالصورة... الذكر... ...
... ...
... الكلمات ... والروحي...
... وحده وللعلم الصاد... ...
... ...
... النفس ...؟

... ...

... العلم الاسلامي ...؟
... ...
...

第 5 章　速度

在电子时代，强有力的数字加密保护技术，使罪犯不得染指数据资料。

公钥加密、因式分解以及数据加密标准。

背景图：光导纤维。

借助代码和密码，罪犯经常掩盖他们犯罪活动的本质。在过去的一个世纪中，执法当局不得不成为破译专家，以免罪犯捷足先登。然而，潜在的巨额酬金，刺激罪犯从简单密码向尖端技术迈进，以保证他们能秘密进行不法活动。

同时，使用通信渠道进行交易的合法商业活动，例如网上银行和在线电子商店等，也不得不借助密码，来保护客户的财政详情机密。反过来，黑客和罪犯也跟转向密码分析，企图把在全球流通的价值数十亿美元的财富转移到自己的银行账户。

密钥交换难题

既然存在着几乎或完全不可能破解的加密信息，为什么还有人想用比较容易的加密法呢？答案是：非常安全的密码系统，在现实生活中可能不实用。如果加密需要太长时间，你就可能需要选择一种出让安全性以换取速度的方法。

任何想发送加密信息的人所面临的另一个难题是：如何先让收信人知道信息是怎么加密的。对于像字母替代这类密码，一旦窃听者知道加密方式，随后

所有的信息就都能很容易被读取。

  一个名为公钥加密的系统就同时解决了这两个问题。然而，事实上公钥加密系统用了两个密钥：一个是公开的，另一个是保密的。两个密钥由一个认证机构签发。公开密钥以电子证书的形式保存在一个目录里，任何想要与持有者联系的人都可以查到。公钥和私钥，实质上都是数学的多位数。这意味着，无论公钥或私钥都可以用来加密信息，只要使用另一个密钥来解密就可以了。

英国政府通信总部，英国情报组织之一。

公钥加密初次使用于 1970 年代早期，由詹姆斯·埃利斯、克利福德·科克斯和马尔科姆·威廉姆森完成，他们所在的"英国政府通信总部"是在布莱切利园工作的基础上形成的。然而，这份工作被视为极高机密，因此一直到 1997 年才最终公之于众。

与此同时，美国斯坦福大学的怀特菲尔德·迪飞和马丁·赫尔曼也独立构想出了公钥加密这个想法。因此，这想法有时也被称为"迪菲—赫尔曼加密"。

然而，对想成为破解者的人来说，知道这种密码的数学关联性，不足以成为一条线索。因为，从一个密码推出另一个密码过于困难，几乎是不可能的。对称密码是指用相同密钥来加密、解密的方法，比如简单的字母替代加密。因此，利用不同的密钥进行加密、解密信息的过程，即意味着该密码是不对称的。

公钥加密最大的一个好处是：不需要有中央数据库来验证密钥，降低了密钥在验证过程中被窃听者截获的风险。

现实世界里的公钥加密

尽管英国政府通信总部和斯坦福的工作奠下了公钥加密的基础，但让它能够真正实际运用的突破，则是来自罗纳德·里维斯特、阿迪·萨莫尔和伦纳德·阿德曼这三位麻省理工学院的研究人员的努力

下达成。这个三人组找到了一个数学方法，能很容易地将公钥和私钥连结起来，此外还能允许数字签名交换——一种以电子方式确认发信人身份的方法。他们的方法是运用因数和质数。

对于任一给定的数字，用该数除以被除数后得到无余数的整数，那么这个除数就是被除数的因数。例如，数 6 的因数是 1、2、3 和 6，因为 6 被这些数整除没有余数。数 4 不是 6 的因数，因为 6 除以 4 得 1 余 2。

质数是只有两个因数的数——它本身和数 1。我们可以马上发现：数 6 不落在这个范畴中，因为它有四个因数。相比之下，数 5 仅仅被它本身和 1 整除，因此是质数。

未解之谜

十二宫杀手

黄道十二宫杀手的通缉公告。

一个连环杀手在报纸上公布了一封用代码写的信；如果有人能破译这密码，这封信将提供有关他身份的线索，这听起来就像低成本制作的情节。然而，这却是现实生活中发生在1960年代到1970年代加利福尼亚湾区的真实故事。

至少有七宗凶杀案被认为是同一个人在这一地区犯下的。有些人相信，杀手所杀的人数可能高达30人。

杀手与密码的联系，来自一系列他寄给这一地区地方报纸的信件。1969年，杀手给《旧金山纪事报》、《瓦列霍时代先驱报》和《旧金山观察家报》寄去了三份密文，并表示这些密文说明了自己的作案动机。

该密码后来被称为"三部分密码"，包含大约50个不同的符号，其中一些符号非常近似于代表黄道十二宫的符号。该杀手也因此被称作"十二宫杀手"。

因为这个密码用了不止26个符号，所以它不是基于简单的替代。然而，唐纳德·哈登教师和他妻子，在几小时内就成功破解了这则密文。密文和明文信息分别如图所示：

I like killing people because it is so much fun it is more fun than killing wild game in the forest because man is the most dangerous animal of all to kill something gives me the most thrilling experience it is even better than getting your rocks off with a girl the best part of it is that when I die I will be reborn in paradise and those I have killed will become my slaves I will not give you my name because you will try to slow down or stop my collecting of slaves for afterlife

（我喜欢杀人，因为杀人乃一大乐事。这比在森林里猎杀野生动物好玩多了，因

黄道十二宫杀手写的一封信，以及显示凶案可能发生地点的地图。

为人是世界上最危险的动物。杀生让我兴奋，甚至比上了个女的还爽。最棒的是：当我死去，我将在天堂里重生，那些被我杀了的人将成为我的奴隶。我不会告诉你我的名字，因为你会试图减慢或阻止我为来世搜集奴隶。）

这封密文也包含了另外18个字符，似乎是用同样的方法加密的。在破解密码的过程中，这对夫妇假设：杀手会自负地使以"我"打头，并且这条信息中也会包含"杀"这个词。就像你看到的，他们猜对了。

结果是：这个三部分密码是以一种同音替代密码写成的，其原理详见第1章。明文中的每个字符都用好几个密文字符代表，借此阻碍想要使用频率分析来处理的破译员。

杀手继续向地方报纸寄信，有些密文到现在仍未被破解。其中有一封密文中据说显示了杀手的名字。

在众多未被破解的密码中，最有名的是一封被称为340密码的密文，如此称呼是因为它包含有340个字符。

密文含有63个不同的字符，意味着它不是一个简单的单字母替代密码，这种密码就只含有26个不同的字符。尽管许多人声称，他们利用多字母方法破解了340密码，但是截至目前为止并没有出现大多数人接受的解决方案。破译员们尝试了好多方法企图破解它。复杂的统计分析，着眼于每行每列中的重复字符，让一些密码分析师相信，这则340密码是以一种类似于三部分密码的手法制成的，不过明文中的有些词是倒着写的。

来自杀手的通信在1974年在没有任何先兆的情况下中止了。杀手一直没被找到，身份最后也没确定。

公钥加密的实例

关于公钥加密如何运作，这儿有个非常简单的例子。我们从选择两个质数 P 和 Q 开始。在实际情况中，这些数字会有成百上千个，但是为了方便说明，在此假设 P 是 11，Q 是 17。

我们先将 P 和 Q 相乘，得到 181。这个数被称为模数。然后，我们在 1 和模数之间随机选个数，我们把它称作 E，在此就选 3 为例。

然后，我们需要找出一个数字 D，以便 (D×E)−1 可以被 (P−1)×(Q−1) 整除。在我们的例子中，将 (P−1) 和 (Q−1) 相乘，即 10×16 得 160。数 320 被 160 整除（即没有余数），所以我们可以如下所述这样找到 D 的一个值：

如果 D×E−1 = 320，
而且我们已经选定 E 为 3，那么
D=107

在这个十分简单的例子中，D 的数值恰为整数，使整个运算过程简单许多。请注意：这不是 D 唯一可能的值，因为我们也可以将 E 设定为一个不同的值，或者选 480、640 或不胜枚举的其他数而不选 320。

这可能听起来像填字游戏，不过就数学而言，如果你不知道 P 和 Q 各自的值，就几乎不可能从 E 算出 D 的值；反之亦然。

　　现在，我们回到公钥和私钥。我们与每个人共享的公钥，实际上是两个数——模数（P×Q）和数 E，在我们的例子中即为 181 和 3。私钥是数 D，在我们的例子中就是 107。考虑到我们不想泄露 P 和 Q 各自的值，我们告诉每个人模数（P×Q）似乎出人意料，但这正是该技术的核心所在。考虑到 P 和 Q 的值足够大，想要通过将模数因数分解来算它们的值，大概会花永世的时间吧。

　　接下来我们就可以用这些密钥加密和解密信息中的字符。让我们先指定字母表中字母的数字代号，如 A=1 而 Z=26。为加密任何一个特别的字符时，我们继续做更多的运算。假设我们想加密字母 G，第 7 个字母，那么我们用数字 7 来计算。

　　首先，我们计算 7 的 E 次幂。"幂"是数学上的简写，说的是把同样的东西相乘 E 次。所以 7 的 2 次幂就是 7×7=49，这与说 7 的平方一样；7 的 3 次幂就是 7×7×7，又称 7 的立方。

　　接下来我们将使用模运算。意思就是：在达到某个被称作模数的定值后就归零。模运算的一个好例子就是报时，是基于模数 12 的有效模运算。（即，10 点之后的五个小时不是 15 点，而是 3 点，因为在到达 12 点时，就重新归零了。）

　　我们已经计算出模数，也就是 P×Q 的值 181。若用模数 181 来替数 343 进行模运算，就会得到 162。那么那个数就是我们字母 G 的数字代码。

　　所以，我们将数 162 和我们的私钥 D——在我们例子中就是 107——发给接收人，而收信人也会以同样的动作来解密信息。收信人使用相同的模运算计算 162 的 107 次幂。你可以想象，把 162 自乘 107 次，得出的运算结果绝对是个很大的数。事实上，它差不多是 2 后面跟着 236 个 0。如果我们每遇到 187 就归零。所以 7 是解密后的字符——也就是字母 G。我们的收信人因此接到了信息的第一个字母，我们就可以利用相同的方式继续，直到整个信息被安全地送出。

　　就像你可以看到的，即使是这个非常简化的例子都很难理解，它必然需要一台高效能计算机来做数学运算。如果我们用的是那种当今加密软件所使用的数字，那么这个运算不用世界上最强大的计算机来算是不可能的，我们下面就会看到。

特定代码

破解爱伦·坡在《格雷汉姆杂志》留下的密码

数学和语言上的基础，让 27 岁的吉尔·布罗扎揭开了一个密码，这个密码让破译员 150 多年束手无策。

这个密码第一次以挑战的方式出现在《格雷汉姆杂志》1841 年 12 月份的一篇文章中，作者是密码爱好者及小说家埃德加·爱伦·坡。爱伦·坡邀请读者以投稿的方式向杂志提交加密文本，然后他来解决。到这一系列文章结束时，爱伦·坡声称已经把它们全部破解了——尽管他没有公开他的解决方案。他在该系列的最后一期刊登了两则由泰勒先生寄去的密文，向读者提出破解挑战。

这篇密文逐渐被世人所遗忘，直到达特茅斯大学的路易斯·伦扎教授提出一个理论，说这个泰勒先生不是别人，就是爱伦·坡自己。到了 1990 年代，威廉姆斯学院的肖恩·罗森海姆在他的著作《密码想象：从爱伦·坡的密写信息到互联网络》中又进一步考量了这个想法。

受到该研究的刺激，第一则密文最终在 1992 年由目前在芝加哥伊利诺伊大学任教的特伦斯·维伦教授破解。明文是摘录自英国作家约瑟夫·爱迪生 1713 年发表的一个剧本，以单字母替换密码加密而成。

第一则密文的破解使破译者们将注意力集中到第二则上。1998 年，罗森海姆向所有破译者发出挑战，请大家踊跃解开第二则密文，并为解决该密码的人提供 2500 美元的奖金。

这项挑战吸引了成千上万人参加，罗森海姆和其他两位学者一起详细检查了所有解答。

2000 年 7 月，吉尔·布朗茨提交了一个解决方案，不过罗森海姆一直到 10 月份才接受了这个答案。布朗茨说："因为他们有点震惊，这文本内容与他们预期的完全不对路。"

令人有些意外的是，布朗茨的母语并不是英语。他在以色列长大，14 岁才开始读英语著作。他第一次与破译有了接触，是益智杂志中的密码。这些益智游戏是些短文，用替代密码加过密，可以用频率分析和发现字词模式来破解。他对数学和语言的热爱，让他在本科学习数学和计算机，继而取得计算语言学硕士学位。

在破解密码时，布朗茨做了好几个假设。第一，他假设明文是以英语写成的。考虑到在 1992 年破解的那个密码用的是英语，因此这个假设相当合理。第二，密文中的空格可以对应于明文中的移行断词。最后，密文中相似词语的重复，如 aml、anl 和 aol 等让他相信，加密用的是多字母代换密码。事实证明，这三个假设都是正确的。

布朗茨连续两个月每晚研究才破解了这则密码。他先用的是对字母和词语的频率分析，这是密码分析师所用的一种传统方法，特别注重寻找词语"the"的出现。然而，这样的做法收效甚微。"之后，我设法用计算机程序来识别可能更长的单词和组合。"这些程序的帮助，在于它们能将包含部分相同字符的几组不连续密码单词与网上找到的单词清单相比对，这些单词清单也包括一份用于拼字游戏的词语列表。

"一个月后，当那些方法证明无效时，我

于是判定，唯一可能的原因在于加密和转写时犯了太多错误，这是在印刷厂给可能是手写密码排版时发生的。每隔两三个词语就可能拼错，有了这个把握，我决定更有耐心地处理看似希望渺茫的 the 字代换。"

这种计算机辅助方法产生了一些看上去像是英文的部分字词。经过非常艰苦的研究之后，这则信息的明文显现了：

> It was early spring, warm and sultry glowed the afternoon. The very breezes seemed to share the delicious langour of universal nature, are laden the various and mingled perfumes of the rose and the jessamine, the woodbine and its wildflower. They slowly wafted their fragrant offering to the open window where sat the lovers. The ardent sun shoot fell upon her blushing face and its gentle beauty was more like the creation of romance or the fair inspiration of a dream than the actual reality on earth. Tenderly her lover gazed upon her as the clusterous ringlets were edged by amorous and sportive zephyrs and when he perceived the rude intrusion of the sunlight he sprang to draw the curtain but softly she stayed him. "No, no, dear Charles," she softly said, "much rather you'ld I have a little sun than no air at all."

（那是个早春时节，温暖和湿润洋溢的午后。微风似乎也带着大自然的慵懒，其中混杂着各种香气，有玫瑰、茉莉，也有忍冬和野花。微风把芳香缓缓送入敞开的窗口，那里坐着对恋人。灿烂的阳光照在她红润的脸上，这面庞的柔美更像是浪漫小说的创造，或是梦里的美妙，而非尘世所有。恋人温柔地凝视着她，多情而活泼的微风却在抚弄她的卷发。他察觉到阳光无礼闯入，就跳起来要拉上窗帘，但她轻轻地拦住他。"千万不要，亲爱的查尔斯，"她温柔地说，"我宁可忍受点阳光，也不要觉得窒息。"）

"当解密完成后，也证实我对于拼写错误的假设是正确的——大概 7% 的字符拼错了，"他说。例如，首句中的词"warm"在加密时被打成为"warb"；第二句中的词语"langour"则变为"langomr"。既然明文是书中的一段，因此找出错误相对容易。第一行中不是"warm"的话，还能是什么其他词呢？如果存在更多的错误，或者明文是冗长的银行账号，那么挑出那些错误几乎不可能。

布朗茨的下一个挑战是什么？"我一直在研究黄道十二宫密码，还有与理查德·费曼有关的一些东西。我也在研究归于爱德华·埃尔加的一个东西——致多拉的信——它完全难住了我。我在它上面花了好长时间。问题是，对这封只有 87 个字母的信，没有什么你能做的。爱伦·坡密码的另一个好处是，在于它有足够大的样本量可以下手。"

布朗茨相信世界上有无法破解的密码吗？"频率分析，模式，比对——这些都已过时了。你如果无法找到其他诀窍，例如窃听信息来源或目的地，密文将是不可破解的。我并不相信世界上会有完全无法破解的密码，但仅仅是因为，信息服务于人类通信，而人是会犯错的。问问任何用密码写日记的小孩子就会懂了。"

心里有了这个概念，我们就能写出一串前几个质数——2、3、5、7、11、13、17、19、23、29、31。数 1 不被认为是质数，因为它只有一个因数。将以上质数列表中两个最大的相乘——29×31——是很快的。这项计算对计算器是小意思，几秒钟就可完成。你可以用笔和纸来运算，也挺快的；即使是心算也不需要花太多时间：如果你走个捷径，算出 30×31 再减去 31 就得到答案 899。

　　但是，从相反的角度看这个问题，它就难得多。如果你被问到数字 899 的两个因数是什么，那么可能用计算器需要一小时，用笔和纸要一天，心算要一周。

　　当涉及的质数越来越大，算出这些质数所花的时间也越来越长。迄今为止发现的最大的两个质数，每个都有超过 700 万个数字。尽管这意味着，将这两个质数相乘的计算工作并不是普通的台式计算器能做到的；不过用少许计算机的力量，你就能把它算出来。但如果反过来做，费的时间就无法想象。然而，与任何挑战一样，总有人愿意尝试。目前，一些在计算的大数，大概会花上 30 年的计算机时间进行因式分解。（见后文的破解公钥加密）

　　摆弄这些质数就是里维斯特、萨莫尔和阿德曼三人构思的基础。他们合伙成立了 RSA 安全公司（取三人姓氏首字母来命名），据估计现今使用 RSA 加密标准的应用程序为数超过 10 亿。其中一种很受欢迎的 RSA 应用程序帮助识别用户，这些用户希望远程访问公司信息技术系统。用户通过虚拟专业网络登录他们公司的系统，这种虚拟专用网络就好像是一种电子安全通道。每个用户都得到了一个具有液晶显示器的小设备。显示器上出现一个六位数，每 30 秒换一次。要访问他们的系统，用户打开登录页面，输入确认身份的数字代码，然后输入当时显示在液晶屏幕上的 6 个数字，再输入预先设定好的密码。有了这个组合，公司几乎可以肯定，登录者的身份确定无误。

破解公钥加密

　　就破译员而言，破解用公钥系统加密的信息，关键是相互发信的人所选择的密钥有多强。对以质数为基础的加密来说，如果选的是两个较小的质数，那么只要心意坚决，即使是业余密码分析师都不需要多少时间破解它。然而，商用的公钥加密密钥，则会使用比上文范例长得多的密钥。

　　你看见人们在网上谈论 64 比特和 128 比特加密，这指的是密钥的长度。一个 64 比特（或称二进制位）的密钥会多达 20 位数。想象一下，不用电脑，试着找出数 44 019 146 190 022 537 727 的质数将

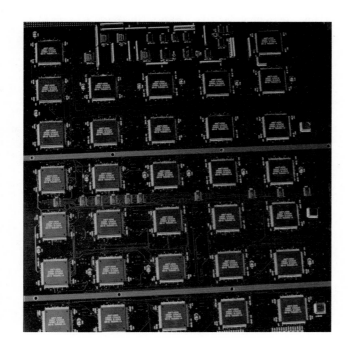

电子前沿基金会的深度解密机破解了第一个 RSA 密码。

第 5 章　速度

会是多么大的工程。（趁你还没在这上面花太多时间——它们分别是 5 926 535 897 和 7 427 466 391。）

有趣的是，掌握着这种最常见加密系统的 RSA 安全公司，经常性地举办密码分析竞赛并提供奖金。乍看起来，该公司举办这种竞赛似乎挺奇怪。他们为什么鼓励人们破解他们的加密系统呢？事实上，这种竞赛有个非常实际的好处——这家公司可以很快知道，他们的密钥需要多强大才能保障安全。

第一个竞赛以因子分解为题。当它在 1991 年启动时，该挑战采取的形式是因子分解 10 个非常大的数。最开始的两个数已经被解决了——第一个是在 2003 年 12 月，第二个是在 2005 年 11 月。后一个仅用了 5 个多月就被破解了，但是破译者如果不用计算机互联的网络，那么往少里说也要花 30 多年的处理时间。剩下的 8 个数中，最小的也有 174 位，而最大的有 617 位。奖金从 10 000 美元直到 200 000 美元不等，只要有破译者能找到这些数字的因数，便可获得大奖。

在设置该挑战时，该公司曾说："考虑到这样一个因子分解所需的计算量，奖金基本上只是象征性的。那么一点奖金算是一个小小的激励吧，借此鼓励大规模的因数分解公开示范。"

找到因数

因数计算有许多种方法。试想我们想找出 12 的因数。我们将此视觉化的最佳途径，或许是想象 12 颗鹅卵石。

oooooooooooo

这 12 颗鹅卵石可以用若干方法均分：

oooooooooooo	每份 12 个，共 1 份
oooooo oooooo	每份 6 个，共 2 份
oooo oooo oooo	每份 4 个，共 3 份
ooo ooo ooo ooo	每份 3 个，共 4 份
oo oo oo oo oo oo	每份 2 个，共 6 份
o o o o o o o o o o o o	每份 1 个，共 12 份

以上是平分 12 颗鹅卵石的方法，所以鹅卵石右边的数指出 12 的可能因数。数 1 和 12 是其质因数因子。

事实上，你可以用数学的方法，手段是用从 2 以上的整数作为除数计算，借此找到能够将目标数字整除的数字——这些就是目标数的非质因数。这项数学方法被称作"试除法"，也是最费时间的一种因数分解方法，因为你必须尝试的数字多达目标数的一半。（你可以看出，用比目标数字除以 2 所得的除数还高的数字进行计算是没有意义的，因为除了目标数字的质因数外，其他数总有余数。）

破译者用来因式分解大数时使用的复杂数学

25 位数以下的数字，可以用椭圆曲线法来进行因式分解。数学中，椭圆曲线可以表示为方程式：

$$y^2 = x^3 + a x + b$$

因数是利用曲线上的点和数学上的群论来找到的。

超过 50 位数的数字，则会使用二次筛法和数域筛法的两种方法来计算。

二次筛法通过找到所谓的同余平方来运作，例如两个数 x 和 y，满足如下等式：

$$x^2 = y^2 \bmod n$$

方程式中的"modn"意味着我们正在使用数字 n 进行模运算（如前面公钥加密的那个例子所述）。来看看这意味着什么：如果我们正在进行模数是 12 的模运算，那么假设 x 为 12，y 为 24，等式就会成立。

等式就可被改写成：

$$x^2 - y^2 = 0 \bmod n$$

利用代数，我们能将等式的左边用不同的形式改写：

$$(x+y) \times (x-y) = 0 \bmod n$$

（如果你不信，用 x=3、y=2 试一下。这就有 $x^2=9$ 且 $y^2=4$，那么 $x^2-y^2=5$。（x+y）=5 且（x-y）=1，二者相乘又得到 5。）

在 x 和 y 的可能值中间，也许存在（x+y）和（x-y）相乘的值，在使用模数 n 的模运算中，（x+y）和（x−y）乘起来得零；换句话说，或许存在两个相乘得 n 的数，换个说法就是，（x+y）和（x−y）是 n 的因数——这正是我们设法解决的问题。

我们可以用 n = 35、 x = 6、 y = 1 来举例。这就有：

$x^2 = 36$,
$y^2 = 1$,
$x^2 − y^2 = 35$

在模数是 35 的运算中，35 可写作 0 mod 35，这就满足我们的等式。接下来，我们计算 x+y 为 7，x−y 为 5。这两个数实际上是 35 的因数，这可以被证实，你自己把它们乘起来就行。

如果我们就此选择 n 作为因数分解的对象，我们便可以利用这个技巧找到可能的因数，尽管这个过程所需要的时间比我们这里的例子长。对于热衷密码学的数学家来说，令人激动的是有这种可能性：某人某天会无意中发现一种简单得多的因数分解方法。如果他们做到了，那么如今许多的加密技术将被丢弃，因为它们太容易被破解了。

数据加密标准

和RSA公司的因数分解挑战一样，类似的密码分析挑战也出现在另一种"数据加密标准"（CDES）的加密系统。本书付梓时，仍有8条加密信息尚未被破解，幸运破解的破译者可获得10 000美元的奖金。

数据加密标准始于1970年代早期。它出现是因为美国国家标准局觉得需要一种方法，来加密政府非属最高机密的敏感但不绝密的信息。虽然政府可以使用现有的加密技术，但政府还是要求提案，希望能找到一种新的加密系统；别的不说，政府希望这个新系统要高度安全，易于理解，人人可用，适用面广，还要经济划算。

提交上来的众多密码没有一个令人满意，因此在1974年年末，国家标准局又提出了第二个请求。这次，国际商业机器股份有限公司（IBM）霍斯特·费斯特领导的一个团队提出了一个符合标准的加密演算法。

1976年，官方通过采用数据加密标准，并在接下来的25年中被广泛使用。数据加密标准被称为分组密码。其中，待加密的信息被拆成固定长度的字块。在数据加密标准的案例中，这些字块的长度是64比特（二进制数字），该长度被选中，是因为当时所用的硬件处理这个长度的数据块最高效。

为加密一份电文，明文字块要经过16轮处理。对每一轮而言，64比特字块被分成左右两等份，每份32比特。此外，在刚开始进行加密时还会选择另一个密钥，并以此产生另一个48比特的子密钥，产生于一个最初被选来加密这份电文的那个秘密密钥。

数据字块的右方字组会以复制部分二进位数的方法扩充到48比特，并且在该回合利用异或操作让这个字组与子密钥结合，"异或运算"（XOR）其属性在第4章中讲过。生成的48比特的数，就被分成八组，每组六个二进制数字。然后，这八组中的每一组经过替代（S-box）表处理，减回至4比特。八组字块的置换表都不同。

密码分析 |

S 盒输出

如果这六位数的输入数值是 011011，那么我们能从下表中第五个 S 盒里找到输出。输入的中间四位是 1101，所以我们从 1101 为始的那列往下看，找到与以 01 为始的那行交会处。因此取自 S 盒的输出数字就是表内以粗字表示的 1001。

中间比特															
0000	0001	0010	0011	0100	0101	0110	0111	1000	1001	1100	1011	1100	1101	1110	1111
外部比特 00	0010 1100 0100 0001 0111 1100 1011 0110 1000 0000 0011 1111 1101 0000 1110 1001														

外部比特															
00	0010	1100	0100	0001	0111	1100	1011	0110	1000	0000	0011	1111	1101	0000	1110	1001

中间比特

0000 0001 0010 0011 0100 0101 0110 0111 1000 1001 1100 1011 1100 1101 1110 1111

外部比特
00 0010 1100 0100 0001 0111 1100 1011 0110 1000 0000 0011 1111 1101 0000 1110 1001
01 1110 1011 0010 1100 0100 0111 1101 0001 0101 0000 1111 1100 0011 **1001** 1000 0110
10 0100 0010 0001 1011 1100 1101 0111 1000 1111 1001 1100 0101 0110 0011 0000 1110
11 1011 1000 1100 0111 0001 1110 0010 1101 0110 1111 0000 1001 1100 0100 0101 0011

因此，我们得到八组字块，每组 4 个比特，连在一起就得到一个 32 比特长的数。运用异或运算和原数的左方字组组合起来。现在，左右字组都经过交换，然后我们开始进行下一轮。最后，所有 16 轮操作结束，原始的输入已经被彻底搞乱了。不知道原始密码，破解信息几乎是不可能的。不是吗？

1998 年，由于数据加密标准几乎快被破解，美国国家标准与技术研究院（取代了美国国家标准局），提出一个称作"三重数据加密标准"的新标准，这个体系是连续三次使用"数据加密标准"的系统。2002 年，被称为"高级加密标准"的加强版发布。试图破解数据加密标准，通常会以"暴力破解法"（或称"穷举法"）的方式进行。在数据加密标准的体系中，用来加密明文的密钥有 56 比特长。二进制数字的值可以有 0 或 1，这意味着数据加密标准可以有 2^{56} 种（或 72 057 594 037 927 936 种）可能的密钥。用人力测试那些密钥是不可行的，即使用个人电脑也得耗费非常多的时间。

数据加密标准和其他密码一样，自从它最初发布起就有人一直试图破解。起初，密码分析师设计了虚拟计算机，相信这些计算机能够破解数据加密标准。他们表明数据加密标准并非无懈可击，而且可以造出计算机来破解它——如果有足够的资金和时间。

第一个真正而非虚拟的数据加密标准解密小组，由洛克·韦尔谢什领导的团队组成。洛克是一名程序员，来自科罗拉多州的山城拉夫兰。他并没有造一台单独的机器来破解数据加密标准，而是设计了个软件，这软件能利用互联网具有处理能力的闲置计算机。1997 年，该系统仅花了 96 天就破解了 RSA 的第一个数据加密标准挑战。

接下来的一年，电子前沿基金会花了 25 万美元造了一台名为数据加密标准破解机的机器，里面含有 1500 多个为此目的专门设计的芯片。它在两天内就破解了数据加密标准。

两次破解数据加密标准，用的是暴力破解法——逐一验证每一种可能的密钥，直到正确的那个被找到。除了暴力破解法之外，其他破解数据加密标准的技巧也得到了论证，如差分密码分析，这些技术可能在不必针对每一个密钥进行验证的状况下破解数据加密标准。

差分密码分析的方法是用计算机分析大量明文以及明文所对应的用数据加密标准加过密的密文，以此来看是否存在可以揭示所用的初始密钥统计模式。然而，这种方法所需的信息量仍然大得吓人；而利用这种方法破解密码，必然是个浩大的工程。

由于公钥加密所使用的密钥很长，而寻找密钥所需的数学方法日益复杂，当代破译如今多半超出业余爱好者的范围，而成为数学家的地盘。但是，诱人的可能性依然存在：利用大数因数分解的加密系统尽管固若金汤，其中仍可能有裂缝。尽管迄今为止发现的因数分解方法在数学上很复杂，但更简单的破解方法仍旧可能存在。

毕竟，尽管爱因斯坦相对论的数学原理非常复杂，然而从这种复杂中衍生出美丽而简洁的等式 $E=mc^2$。因此，全世界的破译者们都将努力致力于寻找简洁的因数分解方法。如果他们果真找到了，那么利用公钥加密、RSA 加密或者数据加密标准加密信息，其安全性就像使用恺撒字母移位那样，都很容易破解了。

让互联网安全起来

尽管我们通过电子邮件送出的许多信息是不重要的，但有时候我们就想确保没人能窥探到我们在说什么。例如，你正申请一份新工作，你最不想发生的就是你的现任老板发现此事。

加密电子邮件的一种方法，就是用一种被称作PGP算法的软件包，它结合了传统密码元素和公钥加密的部分。PGP算法由菲利普·齐默尔曼发明，并于1991年免费提供给互联网新闻讨论组。基于使用者鼠标的移动和打字输入的方式，PGP算法软件生成随机密钥。然后，再用这个随机密钥就来加密你的信息。

下一步是使用公钥加密，但不用它来加密信息，而是用它来加密前一步骤所产生的随机密钥，并且随着用随机密钥加密过的信息一同发送。当收信人收到信息时，并不用私钥解密信息，而是把它拿来解密随机密钥，再用随机密钥解密附加信息。

PGP算法在用户网上的公布，让齐默尔曼成为美国政府犯罪调查的对象。美国政府声称，以这种方式公布PGP算法，违反了美国关于密码软件的出口限制。实施这些限制，是因为美国政府希望限制强大密码技术的普及。尽管国家安全局的密码分析师能够毫无疑问地解密任何用PGP算法软件这种短二进制加密的东西；但是，他们却无法确定能否破解用非常长的密钥加密的信息。美国政府在1996年1月撤诉，但

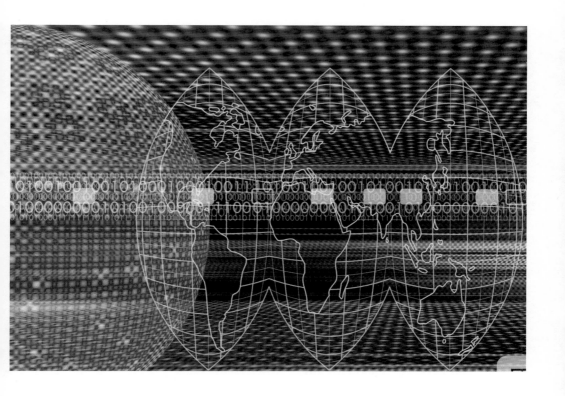

美国司法部长拒绝对撤诉的理由做任何评论。

当你访问"安全"网站时，也会用到加密技术。若是浏览器窗口右下角出现小型挂锁标志，就代表这个网站是安全网站，不以http打头而以https开始的网址也使用一种所谓"安全套接层"的技术。事实上，安全套接层使用如前所述的公钥加密，一般用长度为128位的二进制位密钥，来保护你和你正在对话的计算机之间的安全连接。例如，破解者想要入侵你的银行账户，他面对的挑战与试图破解利用相同加密技术处理的信息难度相同。

PGP算法与安全套接层为全世界的互联网和电子邮件提供安全保障。

特定代码

53++!305))6*;4826)4+.)4+);806*;48!8'60))
85;]8*:+*8!83(88)5*!;46(;88*96*?;8)*+(;4
85);5*!2:*+(;4956*2(5*-4)8'8*;4069285);)6
!8)4++;1(+9;48081;8:8+1;48!85;4)485!52880
6*81(+9;48;(88;4(+?34;48)4+;161;:188+?;

埃德加·爱伦·坡作品《金甲虫》中的加密信息

美国小说家埃德加·爱伦·坡深为代码和密码所着迷。他最有名的小说之一《金甲虫》，就是以一则写在一张羊皮纸上的加密信息为中心。

一位主人公运用频率分析的技巧破解了如下密文，而这则密文似乎提供了线索，引导主角找到海盗基德的秘密宝藏：

一面好镜子在主教招待所恶魔的椅子41度13分东北偏北，最大树枝第七根枝丫东面，从骷髅头左眼射击从树前引一直距线通过子弹延伸五十英尺。

《金甲虫》不是爱伦·坡唯一写密码的作品。1839 年至 1841 年间，在费城报纸《亚历山大使者周报》和期刊《格雷汉姆杂志》上，关于密码他写了很多，并要求读者给他提供密文让他破解。他写道："让我们来做个测试。让任何人都可以将密文寄来，我们保证会即刻阅

读——无论他采用的字母有多罕见或多随兴。"

由于这项请求，爱伦·坡收到了一大堆信件，并在他的专栏中发表了许多密文与解答，尽管他从未透露他是如何破解它们的。然而，于 1843 年出版的《金甲虫》的故事情节，关于爱伦·坡是如何做到的，可能提供了一些线索。

爱伦·坡用他在《格雷汉姆杂志》上的最后一篇文章向读者提出挑战，请读者来破解两则据称是由 W. B. 泰勒先生提交的密文。这两则密文的破解，耗费了一百五十多年的时间。

在阿瑟·柯南·道尔《跳舞的小人》中，夏洛克·福尔摩斯也面临着要以同样系统解开密码的挑战。在小说中，乡绅诺福克娶了位美国妻子，妻子让他许诺，永远不过问她来英国之前的生活。婚后一年左右，这位乡绅的妻子收到一封来自美国的信，读完之后显然很震惊，不过她把信扔进了火里。不久，在他们居住的庄园宅第里，在许多墙面和纸张上，都开始出现一个个跳舞小人的图像，这似乎又让这位美

阿瑟·柯南·道尔（1859—1930年），夏洛克·福尔摩斯探案集的作者。

国妻子感到非常不安。由于答应了妻子不过问此事，乡绅请福尔摩斯来解开信息的秘密。收到几则信息后，福尔摩斯紧急赶去诺克，抵达后却发现乡绅已经被枪杀身亡，妻子也受了重伤。

像《金甲虫》里的罗格朗，福尔摩斯利用频率分析来解码信息。不像罗格朗，福尔摩斯有几份电文，可以用来解密；福尔摩斯正确地推断出信息上的旗帜代表移行断词，这让解码工作简单了许多。多份电文也为他提供了足够的字符，他就可以使用频率分析来破译出第一条电文。内容显示为："我已抵达。阿贝·斯兰尼。"

福尔摩斯发现这位名叫阿贝·斯兰尼的美

国人正待在附近的农场里，福尔摩斯用相同的加密方式给他发了一条信息。原来斯兰尼是乡绅太太的前任未婚夫，是个流氓，他们一帮人发明了这种跳舞小人的密码。

在福尔摩斯的另一次冒险（《恐怖谷》）中，我们看到这位侦探收到了如下加密信息：

534C21312736314172141
DOUGLAS109293537BIRLSTONE
26BIRLSTONE947171

福尔摩斯研究出：第一行中的 C2 指的是第二列，而 534 特指一本书的页数。而之后的那些数字则是指那一列中的特定单词。发信人本打算在第二则信息中传达书名的线索，但是他改主意了。尽管如此，福尔摩斯还是成功推论出被用作信息密钥的书是《惠特克年鉴》，并破解了信息：

> 危险可能很快降临到一个富绅道格拉斯的身上。道格拉斯现住在伯尔斯通村伯尔斯通庄园，火急。

尼尔·斯蒂芬森 1999 年的《编码宝典》把密码破译融入小说之中。小说的情节围绕着2702派遣队上，这是第二次世界大战中盟国的一个军事单位，其工作是破解轴心国的密码。其成员包括虚构的密码分析师劳伦斯·沃特豪斯，有吗啡毒瘾的海军士兵巴比·夏弗托，以及真实存在的密码分析师阿兰·图灵。故事的第二条线索将情节推到现代，写到了早期密码专家的后辈们，在故事中虚构的国家基纳库塔，努力建立安全的国际数据港。

肯·福莱特的《丽贝卡之谜》基于一个真实的故事。福莱特解释道："1942年，在开罗有个以一间船屋为基地的特务组织，成员包括一名肚皮舞娘，以及一名与她有染的英军少校。利害攸关的信息对当时正在沙漠中进行的战事至关重要。"

《丽贝卡之谜》所用的密码系统是一次性密码本（见第4章）加密信息。

想象你要将"The British attack at dawn"（英军将黎明发动攻击）的信息加密。之后，你可以拿另一段文字当作加密的密钥。例如，我们可能选"All work and no play makes Jack a dull boy"（只用功不玩耍，聪明的孩子也变傻）作为我们的密钥。之后，我们将字母顺序编号写在两条信息每个字母的下方，如下所示。然后，把那些信息同一位置的字母数字加起来。如果总数大于26，我们就减去26，然后将所得数字转换回它们对应的字母（如下所示）。

如此一来，加密处理后信息就成了 Utqxgae tvehiqolzgelag。收信人知道所用的密钥，能够解密信息，手段是把过程反过来重复一遍。即使信息被截获，截获者解密它也需要知道密钥才能破译。在福莱特的小说中，密钥是达芙妮·杜穆里埃的小说《丽贝卡》。

小说家丹·布朗也对密码深感兴趣。他的小说《数字城堡》围绕着美国国家安全局的一台虚拟电脑"翻译者"，它能破解任何密码，

而整个故事就在"翻译者"遇到他无法破解的密码时逐渐开展。在小说里，密文没被解开，虽然文中存在加密技巧的一些暗示，如明文颠倒、突变字符串等。不过布朗并没有详细解释。

在《数字城堡》书末，为初试身手的密码分析师们准备了一个解密挑战，这则密码如下所示，是一连串数字：

128-10-93-85-10-128-98-112-6-6-25-126-39-1-68-78

想解决它，你需要把这些数字从上到下排列进一个4×4的方块中。

128	10	6	39
10	128	6	1
93	98	25	68
85	112	126	78

数字指向书中的各章。若把数字用相对应章节的第一个字母替代，就会得到信息"We are watching you."（我们正盯着你。）

近些年来，最著名的密码小说，也许是

原文	T	h	e	B	r	i	t	s	h	a	t	t	a	c	k	a	t	d	a	w	n
在字母表中的位置	20	8	5	2	18	9	20	19	8	1	20	20	1	3	11	1	20	4	1	22	14
密钥	A	l	l	w	o	r	k	a	n	d	n	o	p	l	a	y	m	a	k	e	s	J
在字母表中的位置	1	12	12	22	15	18	11	1	14	4	14	15	16	12	1	25	13	1	11	5	19
和（小于26 如果大于26）	21	20	17	24	7	1	5	20	22	5	8	9	17	15	12	26	7	5	12	1	7
加密后的字母	U	t	q	x	g	a	e	t	v	e	h	i	q	o	l	z	g	e	l	a	g

列奥纳多·达·芬奇的《蒙娜丽莎》，是丹·布朗畅销小说《达·芬奇密码》中的众多线索之一。

丹·布朗的另外一部小说《达·芬奇密码》。在这本书里，哈佛大学符号学家罗伯特·兰登破解了一系列与达·芬奇作品相关的密码。兰登发现了用血写的三行信息，在巴黎卢浮宫被害馆长的尸体旁边。

13-3-2-21-1-1-8-5

O，draconian devil！

（啊，残忍的魔王！）

Oh，lame saint！

（噢，瘸腿的圣徒！）

兰登和另一位法国密码专家索菲·奈芙一同破解了第二行和第三行的意义，分别是"列奥纳多·达·芬奇"和"蒙娜丽莎"的相同字母异序词。在《蒙娜丽莎》这幅作品上还有用钢笔潦草写下的信息（仅在紫外线照射下可见），而这则信息又让他们开始为了解馆长被谋杀之谜而四处奔波。

那行数字，到头来是斐波那契数列，也是一个瑞士银行账户的密码。

第6章 展望

量子密码学以其不可破解性为标榜；它是否意味着密码破译已经走到尽头？密码机正走向量子物理和混沌理论的领域。

背景图：利用计算机模型将量子波传播路径叠映在球体的表面，产生了随机波——量子混沌的一个例子。

1979 年 10 月一个艳阳高照的午后，在波多黎各岛的酒店海滩，年轻的加拿大计算机科学家吉勒斯·布拉萨德，正在享受温暖海水的时候，没想到一个全然陌生的人向他游了过来，并开始和他高谈阔论起量子物理学。

　　"在我的职业生涯中，那大概是最诡异也最神奇的时刻。"布拉萨德说道。这个突然出现的陌生人叫查尔斯·班尼特，是纽约的科学家。他来此岛，理由和布拉萨德一样——参加"电气与电子工程师学会"在岛上的一个会议。水里邂逅，远不是随便聊聊。班尼特特别想跟这位加拿大同事谈谈，因为他们都爱好密码学。不消几小时，这两个人就开始一起构想新概念，开启了一段使密码学脱胎换骨的合作关系。

　　班尼特和布拉萨德提出的那些观念，就是那年秋天在加勒比沙滩上说过的那些，很快让他们写出第一篇量子密码学的科学论文，发展出一种全新的真的牢不可破的加密手段。

　　从不可破解性来看，量子加密可以说是独一无二的。在密码的漫长历史中，几乎每一种密码都无法抵抗破译者的技巧——冗长又复杂的一次性密码本，或许是例外。换成量子密码，就不是这么回事——它完全以物理学原理为根据，有着无懈可击的安全性。

茶杯中的计算机

　　量子物理学，也叫量子力学，是一种能够成功解释世界运作方式的一种框架。由于物理学领域所探讨的范围极其微小；因此，要得到亚原子和粒子相互作用的精确数学模型，量子物理就是不二法门。将近百年的实验锤炼，无法不承认它是对的。

然而，量子力学的细节有点怪，这也无可否认。举个简单的例子来说，在一个比较有名的量子物理学实验中，一个光粒子（称作光子）被证明能够同时出现在两个地方（见第174-175页）。

这个理论让人难以信服的原因，是因为它处理的是或然率而非确定性。对其运算中固有的不确定性，爱因斯坦本人就严重怀疑。1926年，在给同事的物理学家马克斯·玻恩的一封信中，他写道："量子力学确实很可观。但我内心的声音告诉我，它还不是真实的东西。"

物理学家布莱恩·考克斯认为：量子力学如此难以理解，在于它不久就遇到了一些基础问题：宇宙为什么是这个样子？"就量子力学而言，对常识的挑战，确实是一目了然的，"考克斯说，"不必把它想得太深，你就能碰到难题。对大部分理论来说，那个'为什么'是隐藏的；但是，对于量子力学来说，你被迫进入这种深入的学问（例如平行宇宙），因为它太奇怪了。"

在过去的几十年中，科学家意识到，量子力学异于直觉的方面，在制造更强大的计算机一事上，可望有巨大潜能。一个意义重大的里程碑事件发生在1985年，就是布拉萨德和班尼特发表量子计算机论文的第二年。那一年里，牛津大学的杰出科学家大卫·多伊奇，首次描述了通用量子计算机。

在他的书《真实世界的结构》中，多伊奇设想了一台计算机，不像寻常计算机那样，它不在经典物理学层面上运转。他说的计算机却在微小的量子层面上

特定代码

猫回来了

"薛定谔的猫"思想实验。图中猫同时显现为存活（姜黄色）和死亡（灰色）的状态。

1935 年，杰出的奥地利物理学家、诺贝尔奖得主欧文·薛定谔，发表了一篇文章，他在文中描述了一项假设的实验，经常用来帮助解释量子叠加这个概念。

在文中，薛定谔要求他的读者想象一只在盒子里的猫。然后想象同样在盒子里有一个在一小时内有 50% 的衰变可能性的原子，一个粒子探测器，以及一个装有毒气的烧瓶。如果放射性原子发生衰变，粒子探测器将触发开关，打开装有毒气的瓶子，进而杀死那只猫。

显然，在一小时后，实验员打开盒子盖，

原子要么仍然完好无损，要么已经衰变，而那只猫要么活着，要么死了。但是，量子叠加理论认为：在盖子揭开那一刻之前，猫同时处在两种状态中：既死且活。（薛定谔不是说他相信又死又活的状态真存在。而是借此表达出量子力学不完善，代表不了现实，至少在这个案例中确实如此。）

然而，不管薛定谔怎么说，叠加的观念不只是幻想。事实上，这是解释真实世界许多现象唯一可能的途径。对计算机而言，叠加原理的启示是巨大的。

欧文·薛定谔（1887-1901年），奥地利物理学家，诺贝尔奖得主，"薛定谔的猫"思想实验就是他所提出的，见前页。

运转。多伊奇将量子计算机形容成这样的机器：它使用独一无二的量子力学效应来完成各种运算，这些运算是任何一台传统计算机都不可能达到的，在理论上说也不可能。"因此，量子计算机是一种利用大自然的全新方法。"他写道。

量子力学与计算机最相关的部分，与"叠加"这个概念有关。这意味着：任何量子元素可以同时处于好几个不同的状态——仅当有人针对它检查时，才会显示出其中一种状态。

量子叠加现象意味着：量子计算机具有不可思议的力量，而且它只有一个茶杯大小。这是因为：在标准计算机中，信息的基本单元（比特）只能以非1即0存在，而在量子力学开始生效的极小层面上，"量子比特"实际上可以有效地同时处在传统的又0又1的位置上。

这意味着：在单个量子比特上，一个计算机操作同时对两个值起作用。例如，一个量子比特可能由一个位于两种状态之一的一个电子来代表——我们把这两个状态称作0或1。但是，和普通比特不同的是，由于量子叠加现象，量子比特可以同时为0和1。

所以，在一个量子比特上执行一项操作时，计算机实际上同时在两个不同的值上实施操作。因此，涉及两个比特的系统能够在 4 个数值上实施操作，等等。随着你增加量子比特数时，运算能力以指数增加。

量子纠缠是量子比特的另一种奇特属性。当两个或更多量子比特互相纠缠时，无论它们相距多远，其量子态变得密不可分，事实上是连接在一起的。这种怪异的连动性表示：两个量子比特，当你测量其中一个的状态时，另一个的状态也立即固定了——它们能够被操纵，当其中一个量子被测为 1 时，另一个就是 0。

由于量子计算机的运算能力能够大幅度增加，各国政府也意识到这种计算机对信息安全构成的巨大威胁。自大卫·多伊奇发表了他的量子计算机论文后，20 多年来，世界各地的研究都对量子电脑展现出相当的狂热；但是，到目前为止大规模的量子计算机尚未成为现实。然而，研究人员已经开始弄明白如何为它编程；有趣的是，他们率先发表的两个应用程序与密码分析有关。

第一个与密码分析相关的量子电脑应用程序出现于 1994 年，当时新泽西州贝尔实验室的彼得·肖尔表明：量子计算机可以用来破解 RSA 这样的系统，RSA 是应用广泛的加密算法，其安全性的获得来自这个事实：普通计算机难以因数分解大数（见第 5 章）。

据估计，因数分解一个 25 位数，用目前传统的计算机要花好几个世纪的时间来实现。使用彼得·肖尔发明的量子技术，这可能只需几分钟。

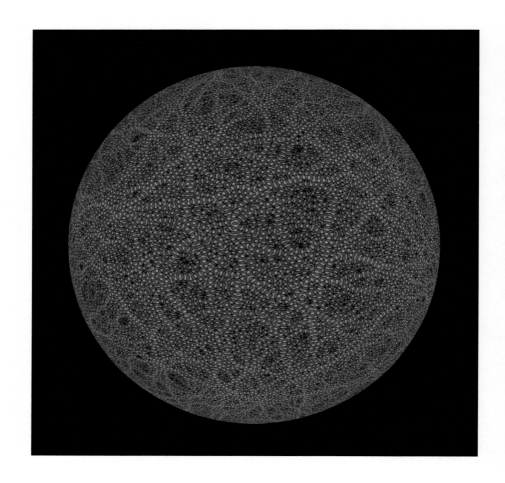

模拟粒子运动的计算机模型，它像波浪。量子理论认为，随着粒子运动，它会产生许多"波列"，而这些波会互相撞击，产生随机量子波，是为量子混沌的一个例子。

这种技术名为**秀尔算法**[1]，它非常简单，不需要建造完整量子计算机所需的硬件。像大卫·多伊奇指出的，秀尔算法的发明可能使量子因数分解机比全能量子计算机要早出现许多。两年以后，同样来自贝尔实验室的拉乌·格罗弗，提出了另一种可以在冗长清

[1] 即 shor's algorithm，由彼得·肖尔发明，但按中文使用习惯译为"秀尔算法"。——编者注

单中进行快速搜寻的量子计算机算法，是一种让许多密码分析师极感兴趣的应用程序。

然而，尽管这些进展层出，研究人员还是要克服许多困难才能把量子计算机的理论完全变成现实。1990 年代末，研究人员尼尔·格尔圣菲尔德和艾萨克·庄对此进行解释。在《科学美国人》杂志的一篇文章中，他们指出：量子系统与环境之间发生的任何互动，例如一个原子和另一原子对撞，几乎都会构成一个物理观测。当这发生时，量子叠加就会塌缩成单一确定状态，使进一步的量子计算无法发生。"因此，量子计算机的内部运作，必须以某种方式与其周围环境分离开，以保持其连贯性，"他们解释道，"不过它也必须也是容易进入的，如此一来才可以被输入、执行和读取。"

量子密码学

量子计算机的实际执行可能令人感到棘手；不过它仍被视为通信安全的潜在威胁。幸好，研究人员和工程师已经前来搭救，用他们自己的量子魔法，在物理定律的完美保护下分配密钥。有些量子密钥分配系统依赖如下事实：单个光子在穿越空间时的震动角度不同，科学家将该属性称为光子的**偏振**。

出自普通光源（如电灯泡）的光子，朝四面八方振动。但是，使一束光通过一个名叫偏振片的特制

特定代码

量子密码学
—— 同时出现在两个地方

1803 年冬天，一位名叫托马斯·杨的 30 岁的英国研究员来到伦敦，在当时世界上最杰出的科学家面前，做了一项实验演示，借着展示光有波的属性，改变他们对物理世界最本质的看法。

杨自小就展现出过人天赋。到 14 岁，他已经精通希腊语、拉丁语、法语、意大利语、希伯来语、阿拉伯语和土耳其语，还有其他的一些语言。19 岁时，他已经开始学习医学，并在四年后获得物理学博士学位。他在 1801 年被指定为英国皇家学会的物理学教授，并在两年内发表了 91 次演讲。

托马斯·杨（1773－1829 年）

尽管如此，杨在 1803 年 11 月的那天，还是面临了严峻的挑战。因为即使牛顿本人都相信：光由极小的子弹般微小粒子组成的。

为了证明他的观点，杨让助手在室外端着一面镜子，站在演示所在房间的窗外。窗户前有一块活动遮板，上面钻了一个小孔。这样，助手以正确角度调整镜子时，就会有一道很细的光束射穿暗室，打在对面的墙上。

接下来，杨拿起一张薄卡片，小心放好，让纸片把光束一分两半。当他做这个的时候，射进窗户的光就在对面墙上形成明暗相间的条纹图案。

"即使是最有成见的人也无法否认，"杨告诉他的观众，"（观测到的）条纹似的光斑，产生于两部分光的互相干涉。"换句话说，这种条纹或纹样由光波相互干涉引起，随着纹样在被卡片分离后重新结合，它非常像水波重新结合产生的峰波和波谷。在较亮的斑点中，光波中两波峰同时抵达墙面时相交所造成的，而较暗的斑点则是由波峰和波谷相交所引起。

此后，杨展示了同样的效果，他将一道很细的光束打到有两条切缝的屏幕上。这个实验现在被称为"双缝实验"。

如今，科学家知道光具有二相性——行为像波又像粒子，视情况而定。在这样的脉络下，杨的实验结果可以理解成光粒子——被称作光子——在穿过狭缝后相互作用。

多亏现代技术，科学家能够利用一次只发射一个光子的极微弱光源重复杨的实验。然而，

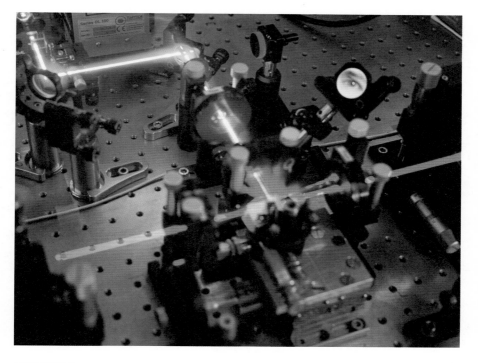

量子密码设备

当他们这么做时，他们观测到一些吸引人的结果。例如，如果研究人员用一个小时将一个光子打到屏幕上的速度来进行杨的双缝实验，尽管在这种情形下，显然不可能有两个光子相互作用，而一模一样的干扰模型仍会逐渐显示出来。这个令人困惑的结果，用经典物理定律解释不了，而量子物理学却有两种可能的解释。

第一个解释是光子其实同时穿过两道狭缝，因此产生自我干涉。这要归入能叠加的概念（见第 182 页）。

其他科学家为能叠加提供的另一个解释，被视为"多个世界"的解释。从这个观点看，当单个光子到达具有两道狭缝的屏幕时，它只穿过其中的一个狭缝，但随后马上会与存在于平行宇宙且穿过另一个狭缝的"幽灵"光子发生相互作用。

无论两种解释中的哪种，量子能叠加概念对于量子计算机都有重要意义。因为量子计算机元件可以同时处于多种状态，又因为它可以同时在所有不同的状态下作用，所以它可以并行不悖地执行许多操作。

滤光器，就可能使光束中所有的光子向同一方向振动。这个原理可以在密码领域中得到利用。

为了密码的目的，光可以以两种方式偏振。第一种使振动的光子水平或垂直偏振，此所谓正交偏振。第二种方法使光子成斜线振动，从左上角到右下角或从右上角到左下角的方式进行斜对角偏振。

这些不同的可选方式，可以用来表示一系列量子比特的 0 或 1。例如，在正交偏振中，水平方向偏振（—）可以用 0 表示，这使垂直方向偏振（|）表示 1。或者，在斜线方案中，左上右下斜线偏振（\）代表 0，右上左下的（/）代表 1。

用这种方式发送秘密信息的优势，在于截获者需要提前知道发送者用的是哪种偏振法，才能正确测量每个光子的振动。如果某个光子以直线方式偏振，那么只有正交检测器才会精确地说出它是 1 还是 0。如果你错用斜线检测器，那么你会把光子错误地解释成 [\] 或 [/]，解析之后依旧不明不白。

麻烦的是，仅仅用这种方法发送信息，使收信人和窃听者处于完全相同的境地。在收信人可以准确解读光子束之前，他或她需要知道每个光子所用的偏振方法。不知道这个，信息就毫无价值可言。

为了克服这个问题，布拉萨德和班尼特开发了一个方案，让光子束不代表信息，而只代表密钥。

该系统的优点在于：如果有人企图窃听他们的交谈，那么以错误的方式测量光子将让他犯下先前鲍勃所犯下的同样错误，即在爱丽丝告诉他偏振方法的正确顺序前所犯的错误。

密码分析 |

它是这样运作的：假设一个叫爱丽丝的人想要发送加密信息，她会随机地用正交或斜线的方法偏振处理的光子，代表 1 和 0。让我们假设爱丽丝发送了 6 个光子。

爱丽丝的比特序列	1	0	0	1	1	0
偏振序列	×	+	×	+	+	×
发送的光子	/	—	\	|	|	\

× 为斜线偏振；+ 为正交偏振

下一步，一旦光子到了鲍勃（信息的接收人）那里，就让他测量光子的偏振。测量时，他会随机地在正交和斜线检测器之间交换。这意味着：他的选择与爱丽丝的选择，有时相符，有时不相符。

爱丽丝的比特序列	1	0	0	1	1	0
鲍勃关于偏振的猜测	×	×	+	+	×	×
鲍勃的测量	/	\	—	|	/	\

在这里，你可以看到：鲍勃对检测器的随机选择，让他得到了 3 个正确的光子——第 1 个、第 4 个和第 6 个。麻烦是，他不知道其中哪些是正确的。

为了克服这个问题，爱丽丝和鲍勃仅仅需要通个电话，这样她就可以告诉他，每个光子用的是哪种偏振方法而无需透露比特是 0 还是 1。

是否有人监听这次谈话无关紧要，因为爱丽丝并没透露她发送了哪些比特，仅仅透露了她所用的偏振方案。于是，鲍勃可以确定地知道他的第 1 个、第 4 个、第 6 个光子是对的。用这种方式，鲍勃和爱丽丝都确定地知道那些比特是什么，而不用直接讨论它们。这让爱丽丝和鲍勃使用那 3 个光子（实际中他们会用更多）作为密钥，它们的安全性就由物理定律来保证。

量子密钥分配也可以利用量子纠缠这种两个粒子属性相互影响的特质。在这种英籍研究人员阿尔图·埃克特发明的系统中，爱丽丝和鲍勃使用纠缠"光子对"作为密钥的基础。

　　全世界好几家公司一直在开发这些系统的商用版本。政府机构也有所参与，如美国国防部高级研究计划局就资助了首个持续运行的实验室之外的量子加密网络，连接着美国东北部的网站。欧洲的"基于量子加密术的安全通信"计划也是个例子。

　　东芝量子信息组的组长安德鲁·希尔兹博士解释了量子系统所能提供的终极安全性。"我们很快就走到密码军备竞赛的尽头了，"他说，"只要物理定律还有效，它就完全安全。"

　　然而，到目前为止，量子密码的真正限制来自距离，这是因为沿着光纤管远距离发送光子有现实上的问题。到目前为止，量子密钥最远传送距离仍未超过60英里（100公里）；这意味着，量子系统仅能运用在一个城市及其周边地区内的通信。

　　"如果你真想到达100公里，那么你需要新技术。"瑞士日内瓦大学的量子密码学先驱尼古拉斯·吉森说。这项新技术的一个例子，可能是某种量子存储器，可以存储光子及其编码的所有秘密。要将信息送到更远处，可能使用某种中继系统，将信息从一处安全位置送到另一处安全位置。

量子漏洞

物理定律可以确保通过量子渠道分配的密钥安全性；但是，说到确保数据保密性，密码只是战役的一部分。

就是说，量子密码并无法保护系统免受到软件或硬件漏洞的影响，也无法预防人为过失所导致的通信系统风险。例如，内鬼的活动很难制止。如果你所有的秘密数据存储在一个闪存盘，又忘在出租车后座上，那么量子力学也帮不上忙。

与此相似，真实世界的量子密码系统也需要包括非量子的部分，这些非量子部分都需要以通常的方式来保护。窃听者可能也会试着利用爱丽丝和鲍勃之间的光纤，将多余信号传进去，借此造成混淆或伤害。

同样，就像记者盖里·史蒂克斯于 2005 年年初在《科学美国人》杂志的一篇文中所写的，量子密码或许也容易受到不寻常的攻击。"窃听者可能蓄意破坏收信人的检测器，导致从发送者那里收到的量子比特泄露回光纤并被截获。"

然而，尼古拉斯·吉森却说，目前研发出来的新生代的量子密码系统可以借由过滤器的并入，只让具有适当波长的光波进入接收器，如此一来，便可以战胜许多诸如此类的进攻，而且这种过滤器也可以确保爱丽丝和鲍勃真的是在相互说话，而不是彼此假冒身份的窃听者说话。

蝴蝶振翅的秘密

　　不论量子密码有没有代表密码编写师和密码分析师之间持久战的终结，新奇的加密方法仍然层出不穷。例如，在2005年年底，一组欧洲的研究人员在科学期刊《自然》中发表报告，称混沌理论的一些原则可以用来为电话保密。

　　混沌理论中能够被用于保守秘密的，就是所谓的"蝴蝶效应"。这种现象得名于1972年，当时科学家爱德华·洛仑兹做了一个报告，题为《可预测性：一只蝴蝶在巴西拍动翅膀会引起得克萨斯州的飓风吗？》。

　　洛仑兹在解释这个事实：在一个复杂系统中，例如气候模式等的起始条件中，任何微小变化都能带来长期的巨变。那些巨变完全取决于微小细节，如蝴蝶拍打翅膀所引起的风，在很大程度上就不可预测。

　　那些微小变化的影响似乎是随机的，但这种表象却是种误导。混沌系统，如大气、太阳系和经济等都是有模式存在的，以及一个系统的不同元素如风速和温度等具有相互依赖的关系。在过去的20年甚至更多年中，科学家一直致力于运用混沌原理提高通信的安全性。基本理念是：信息只要被埋藏进混沌的屏蔽信号中，无论是谁，只要无法突破这混沌屏障，就无法取得信息。

　　从混沌的背景噪音中提取被埋藏信息的诀窍，就是准备一台和发送信息的发射机匹配的接收器。

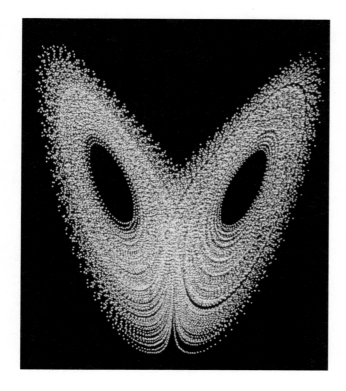

洛仑兹吸引子，由混沌数学理论制作的三维图。

在《自然》的这篇文章中，比利时布鲁塞尔自由大学的艾伦·肖和其他一些人，发表了一个把这些原则运用到两个激光器上的系统，其中一个是发射器，另一个为接收器。

在普通条件下，由激光器产生的光绝对不是混沌的，但研究人员通过将光导回激光器本身，借此制造混沌，刺激它产生许多不同频率的混合光，有点像扩音器产生的反馈噪音。

一旦信息被加入这团混沌光线，这则信息就会变得完全无法解读；除非它又被打入完全一样、能够制造出同一种反射的激光中，才可被解读出来。为了能顺利进行，产生激光需要同时用同样的设备和组件。

让我们从蝴蝶效应的角度思考这个现象，若两组不同的激光器产生出的混沌光完全相同，这两个系统要有完全相同的起点开始建造。在这样的条件下，只要减少来自传送信息的混沌噪音，原始信息就会显现出来。

肖和同事在《自然》期刊中初次展现这种系统：它可以在希腊雅典周围 120 千米的光导纤维中安全地传送信息，这提高了增进电信安全的可能性。另外，用这个系统，这个实验能够达到的传输速率非常高，几乎达到了电信公司可以实际运用的地步。这个结果也同样表明，这种技术在现实世界里也可行。

为了解开困在混沌信号中的信息，窃听者需要有办法撤除一些混沌光，还需要具备与信息产生装置一模一样的另一组激光设备。雅典项目协调人克劳迪奥·米拉索在 2005 年曾说："任何想要解密的人，他所知道的东西必须和使用它的加密者一样多，而且必须还要有完全相同的设备。"

在那篇文章发表的时候，这一领域的另一位专家拉加什·罗伊评论：基于混沌的通信，其安全方面需要更进一步的分析。尽管如此，他说，这种混沌理论的应用可能提供"一种隐私，既可补足传统基于软件的量子密码系统之不足，又可与之相容"。就是说，已经利用其他量子方法加密的信息，可以利用混沌理论，来进一步被遮蔽。

特定代码

巧克力盒里的量子密码学

量子密码的理论基础乍看起来可能很复杂；但是，一位名叫卡尔·斯沃兹的奥地利物理学家，设计出一场舞台表演，解释一个系统如何运作，利用演员、两副有色眼镜（一红一绿）和一个装满箔纸包的巧克力球的碗。

2005 年 10 月，斯沃兹的表演首先在维也纳科技大学亮相。舞台上，他安排了两个演员，扮演爱丽丝（送信人）和鲍勃（收信人）的角色，还有一碗用黑箔纸包起来的巧克力。

每个巧克力上都有颜色不同的两个贴纸：

写有"0"的红色贴纸，代表水平偏振光子，写有"1"的红色贴纸代表垂直偏振光子；写有"0"的绿色贴纸代表右斜线偏振光子，写有"1"的绿色贴纸代表左斜线偏振光子。

当表演开始，爱丽丝抛硬币来决定戴哪副眼镜。假定她拿了绿色的那副，这代表她用来发送光子的偏振方案。

爱丽丝随机从碗里拿起一个巧克力球——请记住每个巧克力球上都有两个贴纸：一红一绿。绿色眼镜意味着爱丽丝只能看到写在绿色贴纸上的数字，而看不到写在红色贴纸上的数字。她在黑板上写下所用的有色眼镜，也写下她在巧克力上能看到的号码。此后，一名观众担当光子的角色，在爱丽丝和鲍勃之间来回往返运送巧克力球。

接下来，鲍勃抛硬币来选择一副眼镜。他选哪副不重要，但假定说他拿了红的那副。他看了一眼球，记下来他能看到的号码，也记下他用的是什么颜色的眼镜。如果他用和爱丽丝同样颜色的眼镜，那么他会看到相同的号码。

收到巧克力球之后，鲍勃用红色或绿色的旗子告诉爱丽丝他用的眼镜的颜色。爱丽丝用她自己的旗子将自己使用的镜片颜色告诉鲍勃。他们从没交流过写在球上的是什么符号。如果他们使用同一的颜色的旗子，他们则写下这个数字，否则，他们就什么也不写。

因为鲍勃只有在和爱丽丝使用同样的眼镜颜色时，才会把自己的数字写下，因此在整个过程重复几次以后，他们两人所写下相同的 0 和 1 应该是相同的。他们会比较几个符号，来确定没有偷听者在偷听并确定一切安好，如此一来，他们就有了一个完全安全的随机密钥，可以运用于许多密码应用之上。

斯沃兹记得，这场表演非常受非专家观众的欢迎。更重要的一点是：也许是这些观众在离开时能了解到，即使他们对量子密码学背后的物理学并不熟悉，但过程本身却简单，就像一盒巧克力一样，很容易消化。

未来不确定

在现代，密码学领域大多操纵在物理学家和数学家的手里。他们乐意在科学杂志和会议上公布他们的发现，这意味着：存在于公共领域的代码和密码可能比以往多了许多。

尽管如此，大多数进展仍旧与往常一般，是关着门进行的。政府机构如美国国家安全局和英国政府通信总部，都会严格把控破译和密码的信息，使得预测未来发展就成了愚蠢的游戏。

对有些人而言，人类数字世界对密码学的依赖与日俱增的情形，已经引人忧虑。如果政府对密码的控制能使政府获得任何人的个人数据、医疗记录或电子邮件，那么政府控制密码就可能危害到公民自由。

在这种情势下，变化很可能是唯一不变的。那么，我们能做的最好的事，就是回顾密码分析的历史，从那么多过去原本是"牢不可破"的密码中吸取教训。在密码专家和密码分析师之间这场永无休止的斗争中，冲突一方设置的障碍最终总是被另一方跃过。

可能在未来有一天，大数因数分析、量子物理和混沌理论，在未来的破译者看来，会像恺撒移位之于我们一样简单。考虑到这一切，我们不禁会问道：人类在保密领域的创造力已经达到极限了吗？

唯一合理的回答是：还没有。跨越数千年并且从简单密码一直发展到现代物理学范畴的密码竞赛，可能尚未结束。只要有人想保密，另一些人想解密，那就永远需要那个引人瞩目却也隐匿不可见的人：破译者。

附　录

破译者挑战

———————

现在到了把你所学的一切用于实践的时候。在此后的四页，你会发现一系列挑战。你会需要重翻这本书，找到如何解决每项挑战的线索。每项挑战的答案，将会为你提供如何解决下一个挑战的线索。

最后一项挑战，你需要用到所有前面六个挑战的答案。尽你所能独自去解决这些挑战。不过如果你真的被难住了，每一个挑战的答案，可以在沃克出版社网站（www.walker books.com）上找到。

挑战 1

提示：可参考第 1 章恺撒密码。

AXQTGINUGTTSDBINGPCCNXHSTPSGJCWTCRTEGDRAPXBRGNXIP QDJI
IWTHIGTTIHHDBTIDIWTRDBBDCEJAEXIHPCSRGNDJIAXQTGIN UGTTSD
BPCSTCUGPCRWXHTBTCIETDEATPCSHTCPIDGHQTCDIPUU GXVWITSU
ANCDIHIPCSHIXUUPBQXIXDCHSTQIXHEPXSIWTLDGSH DURPTHPGQTU
DGTWTUTAALXAADETCIWTCTMISDDG

挑战 2

提示：可参考第 2 章弗吉尼亚密码。

HXLNSFSXHMGMQPQYKSRBGYTRWDIHBGHJEYMLVXXZPLLTRHTG HFO

YWFCYKUOTYBRIBZBUVYGDIKHZJMYMLMLIISKWBXCPAITVJT XVHGM

BZHMMWLMDPYHMLIUTJUZMMMWTMZPLLMCJHNLUNY GXCYBPFEYBK

LMYCGKSLMBXTHEZMMLIUBLUYJEEGXHZERNHWJK BYOUQASWXYUN

ZFRREFXSPLHXIHMHJSFWXIH

挑战 3

提示：可参考第 3 章联合路由密码。

Guard this reveal every great avoided this some cowboy historians straightforward
enemy efforts rows the fills turning table need to read their obfuscation that
saucy contended for despite just initial you the nonsense up clue first now attacks
technique have emptiness

挑战 4

提示：可参考第 4 章 ADFGX 密码。

最近在布莱切利园发现第二次世界大战时的三封信。它们似乎是用某种密码写成的。

第一封信

    XAGAXDFAFGFAXGDDFFDDADXGGDFAFFDFFAGAXXDAAXFFXGAX

    FDFAFGFGDAAFADADAXAAGXAADFDFFGFFAGADXDDDGAAAAFA

    AAFXAAAAGAAAGAAFAFFGGFDAFDDFFFDFDAFFFAXFADFDFFDFF

    AXXDDFFGAFADFGDXDADAAGAAFDGFGFAA

第二封信

    XAGAXXAXXGAFDGFADFDAFXDFXXFFAFGDAFDFFAFFFDFFDXGFD

    XFADFAFADFDDXXFAXAFADADFAAADFFADFDFGAXAXGAADDGAF

    GGDGAADAFADAXDAAAFAGXGADDDDDDDAAFAAFDAFDXFAFGF

AFFFXXDAAADFAFGAAXADAFXDDFFAAXAADAAGAAAAFXDFDXX
AFAADDDD

第三封信

XAGAGXFDFAGDAFDFADDAADAFAXAFADXADGAXFGGDGADGDD
DGXFAAFDAFFGGDDFDAFXDDFDDGAGDADD

挑战 5

提示：参考第 5 章公钥加密。

NCWLCBHOJHKOYMWTSUZJDUSANN
UXRLVVKNRUIQWUWZGVAWZFMZL

挑战 6

提示：参考第 6 章展望。

鲍勃从邮箱中收到一封信，信件内容如下：

A	01000	N	01111
B	01101	O	01011
C	00111	P	11110
D	10111	Q	01100
E	10110	R	10101
F	01110	S	00100
G	11000	T	11011
H	00011	U	10011
I	10010	V	00001
J	10000	W	10001
K	01010	X	01001
L	00010	Y	10100
M	00101	Z	00110

一天后，他接到爱丽丝打来的电话，她说：

+ × × + + × × + + × + × + + × + × × + + + × + × ×

鲍勃回答道：

+ × × × + × × × + × + × × + × + + × + + + + + × ×

你需要哪些密钥才能解开最终的挑战呢？

最后的挑战

在逛古董店的时候，我们发现了一捆上面盖有德军高级指挥部徽章的信件。我们买下这捆信带了回家。其中许多信件内容似乎都不是太重要的事，例如文具订单与请假条；不过有两封信特别引人注目。其中有一封颜色泛黄，内容如下：

A	00000	I	01000	Q	10000	Y	11000
B	00001	J	01001	R	10001	Z	11001
C	00010	K	01010	S	10010	*	11010
D	00011	L	01011	T	10011	%	11011
E	00100	M	01100	U	10100	£	11100
F	00101	N	01101	V	10101	&	11101
G	00110	O	01110	W	10110	(	11110
H	00111	P	01111	X	10111	)	11111

另一封引起我们注意的信，在顶端有几句英文，此后似乎是一部分代码的文字，以每列四字母的方式排列。英文部分如下：

The last key you found on your journey here opens every line of this final cipher.
Your final destination is the place made up from the initial letters of the six other

keywords and this final keyword. In this place, you will find an unbroken code that many have tried, but all have failed. You have come far; maybe you will be the one to break it.

（你在这旅途中找到的最后一个密钥，会帮你解开这个最终这则密码的每一行。你最终的目的地，是由上面六则密文的密钥首字母，再加上最后这个密钥所组成的。你在这个地方会找到一个未破解的密码，许多人都曾经试图破解之，不过他们都失败了。你已经走了这么远；也许你就是破解这则密码的那个人。）

密码读取如下：

C P G C	& % F K	W M G O	£ M M L
R F U J	Q M J F	* * M Y	C P G £
) (T A	C G J F	A G R K	V
C M R J	D A R &	C P C &	
R % H A	) D J £	£ G O O	
A (F A	U G T &	£ A Q A	

术语表

———

算法：在密码学的语境中，用来加密信息的一系列步骤。任何特别的加密法的细节是由密钥来确立的。

恺撒密码：一种利用一字母在字母表位置往后推移数个位置所得的字母，代替该字母在信息内位置的加密方法。

密码：一种将原始信息字母以其他字母代替，借此隐藏信息意义的方法。

密文：将密码运用于特定信息上而得到的文本。

代码：一种将原始信息文字或文句以代号手册中的其他文字、文句或符号代替，借此隐藏信息的方法。

密码分析：在不知道特定加密方法的情况下，从密文中推出明文信息的科学。

密码学：隐藏信息含意的科学。

解密：使加密信息回复到原始形式的过程。

加密：包含编码的一个术语，将信息变为代码，或是将信息变为密码。

频率分析：将特定字母在一段密文中出现的频率与一般文本之字母出现的频率相比较的一项技术。

同音符：在一个密码中，可以用来代替单一字母的多种变换方式。例如，字母 a 可以被好几个不同的字母或数字代替，而这些代替方案就称作同音字。

密钥：明确规定特定信息加密方法的指令，例如密码字母表中字母的排列方式。

密码词汇手册：一种既包括代码又包括密码的体系，其中包括一系列代号的名称、词语与像代码的音节，外加一组密码字母。

明文：被转化为密码之前的原始信息文本。

多字母密码：利用两种以上的替代字母来替信息加密的方法。

PGP 算法：一种计算机加密算法。

量子计算机：利用量子力学的粒子特质来操控量子比特信息的方法。然而，一个普通比特在任何时候的值非 0 即 1，而量子比特可以又是 0 又是 1。

量子密码：利用量子力学属性的加密系统，保证窃听者能够被发现。

RSA 加密法：用于 PGP 算法中的公钥加密法，以其开发者而命名——罗纳德·里维斯特、阿迪·萨莫尔和伦纳德·阿德曼。其安全性是基于就计算而言，要找出给定数字的两个质数并不是件容易的事。

隐写术：将信息存在的事实完全隐藏的科学，不只是隐藏信息意义而已。

替代密码：将信息中每个字母以其他符号替代的密码系统。

换位密码：将信息中的每个字母在信息内部重新排列，但字母还是那些字母，只有位置改变。

译名对照表

A

Addison, Joseph 约瑟夫·爱迪生

ADFGVX cipher ADFGVX密码

ADFGX cipher ADFGX密码

Adleman, Leonard 伦纳德·阿德曼

Advanced Encryption Standard 高级加密
标准

Aeneas the Tactician 埃涅阿斯，谋士

agony columns 苦情专栏

Alberti, Leon Battista 莱昂·巴蒂斯塔·阿
尔伯蒂

algorithm 算法

American Civil War 美国内战

anagramming 易位构词法

Analytical Engine 分析机

architecture 建筑

Arlington Hall 阿灵顿市政厅

Assyrians 亚述人

asymmetric ciphers 非对称密钥算法

Atbash cipher 阿特巴希密码

autokey 自动密钥

B

Babbage, Charles 查尔斯·巴贝奇

Babington, Anthony 安东尼·巴宾顿

Babylonians 巴比伦人

Bacon, Roger 罗杰·培根

Baphomet 巴风特

Baresch, Georg 格奥尔格·巴莱斯

Bates, David Homer 大卫·荷马·贝茨

Bazeries, Étienne 艾蒂安·巴泽里

Beale papers 比尔文件

Bennett, Charles 查尔斯·班尼特

Bentris, Michael 迈克尔·文特里斯

Bible analysis 圣经分析

binary system 二进制

black chambers 情报机关密室

black magic 黑魔法

Bletchley Park 布莱切利园

block cipher 分组密码

Boisrobert 布瓦罗贝尔

bombas 邦巴斯

bombes 炸弹

Born, Max 马克斯·玻恩

Brassard, Gilles 吉勒斯·布拉萨德

Brown, Dan 丹·布朗

    Da Vinci Code《达·芬奇密码》

    Digital Fortress《数字城堡》

Broza, Gil 吉尔·布朗茨

brute force 强力

Bureau du Chiffre 密码局

butterfly effect 蝴蝶效应

C

Cabinet Noir 黑室

Caesar, Gaius Julius 盖乌斯·尤利乌斯·恺撒

Caesar shift 恺撒密码

    tableau 表格（法）

Cardano grille 卡尔达诺漏格板

Carter, Frank 弗兰克·卡特

Cathars 纯洁派

Chandler, Albert B. 阿尔伯特·钱德勒

chaos theory 混沌理论

Chaucer, Geoffrey 杰弗雷·乔叟

checkerboard method 棋盘法

Chuang, Isaac L. 艾萨克·庄

Churchill, Sir Winston 温斯顿·丘吉尔爵士

cipher disk 密码盘

ciphers 密码

    algorithm 算法

    asymmetric 非对称的

    key 密钥

    substitution *see* substitution ciphers 替代，见替代密码

    symmetric 对称

    transposition *see* transposition ciphers 移位，见移位密码

Cocks, Clifford 克利福德·科克斯

code 代码

code group 代码组

codes 代码

Cold War 冷战

Colossus 巨像

completing the plain component 穷举法

computer 计算机

    encryption software 加密软件

    quantum 量子

copper sulfate 硫酸铜

Cox, Brian 布莱恩·考克斯

crib 抄袭

criminal use of codes and ciphers 代码和密码的犯罪性使用

cryptanalysis 密码分析

cryptography 密码学或密码术

Curie, Gilbert 吉尔伯特·柯尔

Cyclometer 计转器

D

Dasch, George John 乔治·约翰·达施

Data Encryption Standard 数据加密标准
  D.E.S. Cracker 破解数据加密标准

Dato, Leonardo 李奥纳多·达图

Dead Sea Scrolls 死海文书

Deciphering Branch 破译科

Declaration of Independence 独立宣言

Deep Crack 深度破解

Defense Advanced Research Projects Agency 美国国防高级研究计划局

Deutsch, David 戴维·多伊奇
  The Fabric of Reality《真实世界的构造》

Difference Engine 差分机

differential cryptanalysis 差分密码分析

Diffie, Whitfield 怀菲尔德·迪菲

Diffie-Hellman encryption 迪菲－赫尔曼密码

digital signature 数字签名

digital technology 数字技术

digraph substitution 双字母替换

Dorabella cipher 朵拉贝拉密码

double encryption 双重加密

double-slit experiment 双缝实验

Doyle, Arthur Conan 阿瑟·柯南·道尔
  Sherlock Holmes adventures《福尔摩斯探案集》

Drosnin, Michael 迈克尔·卓思宁
  The Bible Code《圣经密码》

Dumas, Alexander 亚历山大·仲马（指大仲马）

E

Egyptian hieroglyphics 埃及象形文字

Einstein, Albert 阿尔伯特·爱因斯坦

Ekert, Artur 阿图尔·埃克特

Electronic Frontier Foundation 电子前沿基金会

Elgar, Edward 爱德华·埃尔加

Elizabeth I, Queen of England 伊丽莎白一世，英国女王

Ellis, James 詹姆斯·埃利斯

email security 电邮安全

Enigma 英格玛

entanglement 纠缠

Equatorie of the Planets, The《星球赤道》

espionage 间谍活动

exclusive-or operation (XOR) 异或运算

F

factors 因子

Feistel, Horst 霍斯特·费斯特

Feynman, Richard 理查德·费曼

fiber optics 光导纤维

Fibonacci series 斐波纳契数列

fiction, codes in 小说中的代码

Fish 鱼

Flamsteed, John 约翰·弗兰斯蒂德

Flowers, Tommy 托米·弗劳尔斯

Follett, Ken 肯·福莱特

 The Key to Rebecca《丽贝卡之谜》

Fort Meade 米德堡

Freemasonry 共济会

Frequency analysis 频率分析

 ADFGX cipher ADFGX密码

 homophonic ciphers 同音密码

 Kasiski examination 卡西斯基检查

 peak patterns 峰值模式

 polyalphabetic systems tableau

 多字母系统表

Friedman, William F. 威廉·弗里德曼

G

Gallehawk, John 约翰·加里霍克

Gardner, Meredith 梅雷迪斯·加德纳

Geheime Kabinets-Kanzlei 秘密法务室

gematria 希伯来字母代码

Gershenfeld, Neil 尼尔·格尔圣菲尔德

Gifford, Gilbert 吉尔伯特·吉福德

Gisin, Nicolas 尼古拉斯·吉森

glyphs 字体

Government Code and Cypher School 国家

 密码代码学院

Government Communications Headquarters

 英国政府通信总部

Grabeel, Gene 吉恩·格拉贝尔

Graham Magazine cipher《格雷汉姆杂志》密

 码

Great Cipher 大密码

Greeks 希腊人

Greenglass, David 戴维·格林格拉斯

group theory 群理论

Grover, Lov 拉乌·格罗弗

H

Habsburg Empire 哈布斯堡王朝

Hallock, Richard 理查德·哈洛克

Harden, Donald 唐纳德·哈登

Heath Robinson 希斯·罗宾逊

Hellman, Martin 马丁·赫尔曼

Henrietta Maria, Queen 皇后亨莉雅塔·玛

 利亚

Herodotus of Halicarnassus 哈利卡纳苏的希
    罗多德
hieroglyphics 象形文字
Hitler, Adolf 阿道夫・希特勒
Holy Grail 圣杯
homophonic ciphers 同音异形密码

I
interference pattern 干涉模式
Internet security 网络安全
invisible ink 隐形墨水

J
Johnston, Philip 菲利普・约翰斯顿

K
Kahn, David 大卫・卡恩
Kama Sutra 印度《爱经》
Kasiski examination 卡西斯基测试
Kasiski, Friedrich 弗里德里希・卡西斯基
    Secret Writing and the Art of Deciphering
        《密写与解密的艺术》
Kautiliyam 考提里亚姆
Kerckhoffs, Auguste 奥古斯特・柯克霍夫
    La Cryptographie Militaire《加密的军事》
Kerckhoffs' law 柯克霍夫法则

key 密钥
    autokey 自动密钥
    continuous 连续的
    polyalphabetic systems 多字母系统
    public-key encryption (P.K.E.) 公钥加密
    repeating 重复
Key of Hiram 海勒姆密钥
key swap 密钥交换
K.G. B. 克格勃
Khan, David 大卫・卡恩
    The Code Breakers《破译者》
Kindi, Abu Yusuf Yaqub ibn Ishaq al-Sabbah
Al-Kindi 阿布・尤素福・雅各布・伊本・伊
    斯哈格・萨巴赫・金迪
Kirchner, Athanasius 阿塔纳斯・基歇尔
Knights Templar 圣殿骑士团

L
lasers 激光
Leonardo da Vinci 列奥纳多・达・芬奇
Levi, Eliphas 埃利法斯・利维
light, properties of 光的特性
Lorenz, Edward 爱德华・洛仑兹
Lorenz machine 洛仑兹机
Louis XIII, King of France 路易十三，法国
    国王
Louis XIV, King of France 路易十四，法国
    国王

M

Man in the Iron Mask 铁面人

Manhattan project 曼哈顿计划

Maria Theresa, Empress 玛丽娅·特蕾莎
    女王

Mary, Queen of Scots 玛丽，苏格兰女王

medieval cryptography 中世纪密码术

Mesopotamia 美索不达米亚

microdot 微点

military cryptography 军用密码学

Minoan civilization 米诺斯文明

Mirasso, Claudio 克劳迪奥·米拉索

Mitchell, Stuart 斯图尔特·米歇尔

modulus 模数

Molay, Jacques de 雅克·德·莫莱

monoalphabetic systems 单字母系统

    great cipher 大密码

    Kasiski examination 卡西斯基测试

Morse code 摩尔斯电码

Morse, Samuel 塞缪尔·摩尔斯

Mozart, Wolfgang Amadeus 沃尔夫冈·阿玛
    迪斯·莫扎特

muladeviya 穆拉德维亚

multiple anagramming 多重字母易位

music 音乐

N

National Bureau of Standards 国家标准局

National Security Agency 国家安全局

Navajo code 纳瓦霍密码

Nebel, Fritz 弗里茨·内伯尔

Newton, Isaac 艾萨克·牛顿

97-shiki oobun Inji-ki 97式拉丁文印字机

nomenclator 密码词汇手册

Noone, John 约翰·努尼

null 零位

O

one-time pads 一次性密码本

P

pack of cards 一副纸牌

Painvin, Georges-Jean 乔治·让·潘万

Papal encryption 教皇密码

peak pattern 峰值模型

Penny, Dora 多拉·佩妮

Pernier, Luigi 路易吉·佩尔尼耶

Phaistos disk 费斯托斯圆盘

Phelippes, Thomas 托马斯·菲利普斯

Phillips, Cecil 塞西尔·菲利普

photography 摄影术

photons 光子

Playfair cipher 波雷费密码

Playfair, Lyon, 1st Baron 第一男爵莱昂·波
    雷费

Plutarch 普鲁塔克

Poe, Edgar Allen 埃德加·爱伦·坡

The Gold Bug《金甲虫》

polarization, rectilinear 正交偏振

polyalphabetic systems 多字母系统

340 cipher 340 密码

frequency analysis 频率分析

keys 密钥

Polybius 波利比乌斯

Polybius square 波利比乌斯方阵

Post Office 邮局

Pretty Good Privacy PGP算法

prime numbers 质数

public-key encryption (P.K.E.) 公钥加密

punched tape 打过孔的带子

Purple 紫

Q

quantum computing 量子计算机

quantum cryptography 量子密码，量子密码学

quantum mechanics 量子力学

quantum superposition 量子叠加

qubit 量子比特

R

rectilinear polarization 正交偏振

Rejewksi, Marian 马里安·雷耶夫斯基

Renza, Louis 路易斯·伦扎

Rips, Eliyahu 埃利亚胡·里普斯

Rivest, Ronald 罗纳德·里维斯特

Romans 罗马

Room 40 40 号房

Rosen, Leo 里奥·罗森

Rosenberg, Ethel 埃塞尔·罗森伯格

Rosenberg, Julius 朱利叶斯·罗森伯格

Rosenheim, Shawn 肖恩·罗森海姆

Rossignol, Antoine 安托万·罗西尼奥尔

Rossignol, Bonaventure 博纳旺蒂尔·罗西
尼奥尔

Rosslyn chapel 罗斯林教堂

rotors 转子

Rowlett, Frank 弗兰克·罗利特

Roy, Rajarshi 拉加什·罗伊

Rozycki, Jerzy 杰尔兹·罗佐基

R.S.A. Security RSA加密标准

Russia 俄国

S

S-box 字块的置换表

Scherbius, Arthur 亚瑟·谢尔比乌斯

Schliisselzusatz 附加密钥

Schonfield, Hugh 休·斯科菲尔德

Schrödinger, Erwin 欧文·薛定谔

scytale 密码棒

U

Union route cipher 联合路由密码

Usenet 互联网新闻讨论组

V

Valve technology 电子管技术

Venona program 薇诺娜计划

Verser, Rocke 洛克·韦尔谢什

Vigenère, Blaise de 布莱斯·德·维吉尼亚

    Traicté des Chiffres《数字的魔法》

Vigenère cipher 维吉尼亚密码

Voltaire 伏尔泰

Voynich Manuscript 伏尼契手稿

W

Walsingham, Sir Francis 弗朗西斯·沃尔辛

    厄姆爵士

Welchman, Gordon 戈登·韦尔士曼

Whalen, Terence 特伦斯·维伦

Wheatstone, Charles 查尔斯·惠斯通

Willes, Edward 爱德华·威尔斯

Williamson, Malcolm 马尔科姆·威廉姆森

word transposition 字词置换

World War I 第一次世界大战

World War II 第二次世界大战

X

XOR *see* exclusive-or operation 异或运算

Y

Young, Thomas 托马斯·杨

Z

Zandbergen, René 勒内·赞德伯根

Zimmerman telegram 齐默尔曼电报

Zimmermann, Philip R. 菲利普·齐默尔曼

Zodiac killer 十二宫杀手

Zygalski, Henryk 亨里克·佐加尔斯基

Zygalski sheets 佐加尔斯基纸板

延伸阅读

———

There are many detailed and specialist books available for those who would like to delve more deeply into the world of cryptology. We've listed a few of them below.

对那些想对密码世界钻研得更深的人来说，有许多详细而专业的书籍可供利用。下面我们列出了其中的一些。

Annales des Mines. French mining journal detailing the life of Georges—Jean Painvin.

Bauer, F. L., *Decrypted Secrets*, Berlin: Springer, 2002.

Calvocoressi, Peter, *Top Secret Ultra*, London: Baldwin, 2001.

Carter, Frank, *The First Breaking of Enigma*, The Bletchley Park Trust Reports, No. 10,1999

Deutsch, David, *The Fabric of Reality*, London: Penguin, 1997.

D'Imperio, M. E., *The Voynich Manuscript: An Elegant Enigma*, National Security Agency: 1978

Gallehawk, John, *Some Polish Contributions in the Second World War*, The Bletchley Park Trust Reports, No. 15, 1999

Kahn, David, *Seizing the Enigma*, London: Arrow Books, 1996.

Kahn, David, *The Code-Breakers*, New York: Scribner, 1996.

Levy, David, *Crypto*, New York: Penguin, 2000.

National Security Agency, *Masked Dispatches: Cryptograms and Cryptology in American History, 1775-1900*, National Security Agency: 2002

National Security Agency, *The Friedman Legacy: A Tribute to William and Elizabeth Friedman*, Sources in Cryptologic History Number 3, National Security Agency: 1992.

Newton, David E., *Encyclopedia of Cryptology*, Santa Barbara, CA: ABC−Clio, 1997.

Rivest, R., Shamir, A., and Adleman, L., 'A Method for Obtaining Digital Signatures and Public−Key Cryptosystems' in *Communications of the A. C.M.*, Vol. 21 (2), 1978, pp.120−126.

Singh, Simon, *The Code Book*, London: 4th Estate, 1999.

Wrixon, Fred B., *Codes, Ciphers and other Cryptic and Clandestine Communication*, New York: Black Dog and Leventhal, 1998.

延伸阅读

图书在版编目（CIP）数据

破译者：从古埃及法老到量子时代的密码史 /（英）
斯蒂芬·平科克著；曲陆石译. —北京：商务印书馆，2016
  ISBN 978 - 7 - 100 - 12367 - 9

Ⅰ.①破…　Ⅱ.①斯…②曲…　Ⅲ.①密码 — 普及
读物　Ⅳ.①TN918.1-49

中国版本图书馆 CIP 数据核字（2016）第160029号

破 译 者
从古埃及法老到量子时代的密码史
〔英〕斯蒂芬·平科克　著
曲陆石　译

商 务 印 书 馆 出 版
（北京王府井大街36号　邮政编码 100710）
商 务 印 书 馆 发 行
山 东 临 沂 新 华 印 刷 物 流
集 团 有 限 责 任 公 司 印 刷
ISBN　978 - 7 - 100 - 12367 - 9

2017年5月第1版　　　　开本 720×1000　1/16
2017年5月第1次印刷　　　印张 13½

定价：60.00元